Wertschöpfungsmanagement

Methoden zur Messung der Personalleistung

von

Steffen Buch

Tectum Verlag
Marburg 2004

Buch, Steffen:
Wertschöpfungsmanagement.
Methoden zur Messung der Personalleistung.
/ von Steffen Buch
- Marburg : Tectum Verlag, 2004
ISBN 3-8288-8771-6

Tectum Verlag
Marburg 2004

Inhaltsverzeichnis

Abbildungsverzeichnis

Anhangverzeichnis

Abkürzungsverzeichnis

Abb.. Abbildung

BuF-Gespräch...................................... Beurteilungs- und Förderungs-Gespräch

DIN.. Deutsches Institut für Normung

EN.. Europäische Norm

ISO.. International Standard Organisation

PSB.. Personalsachbearbeiter

QM.. Qualitäts-Management

RVZ.. Regionales Verwaltungszentrum

TQM.. Total Quality Management

1 Personalarbeit – ein reiner Kostenverursacher?

Auf der einen Seite wird die Bedeutung des Personals für den langfristigen Erfolg einer Unternehmung breit anerkannt[1], auf der anderen Seite wird die Personalfunktion immer wieder als reiner Kostenverursacher zur Diskussion gestellt.[2] Diese Diskrepanz kann folgende Ursachen haben:

- Das Personal hat keinen entscheidenden Einfluss auf die Unternehmung und bei entsprechenden Aussagen aus der Unternehmenspraxis handelt es sich lediglich um Lippenbekenntnisse, die aus politischen oder anderen Gründen von der Unternehmensführung gemacht werden.
- Das Personal ist zwar wichtig, jedoch besitzt das Personalmanagement keinen Einfluss auf das Personal.
- Das Personalmanagement hat zwar Einfluss auf das Personal, jedoch nicht die Personalabteilung, da sie nur einen bestimmten Bereich des Personalmanagements, wie etwa verwaltende Tätigkeiten wahrnimmt. Demgegenüber werden die wesentlichen erfolgswirksamen Funktionen von den Führungskräften selbst wahrgenommen.[3]

1.1 Wertschöpfungsmessung warum?

Solange in der Unternehmung die Meinung vorherrscht, dass für den Unternehmenserfolg das Personalmanagement unwichtig sei, besteht der Rechtfertigungsdruck[4] unabhängig davon, ob die oben skizzierten Hypothesen zutreffen oder nicht. Schon aus den oben genannten Punkten wird deutlich, dass jede Personalabteilung unter einem gewissen Rechtfertigungsdruck steht, was ihren Beitrag zur Wertschöpfung anbelangt. Dazu kommt noch, dass aus

1 Vgl. Wunderer/Jaritz 1999 S.3, Schuller/Willms 2003, S. 55-58, Kobi 2002, S. 44.

2 Vgl. Ackermann (Hrsg.) 1994, S. 4.

3 Vgl. Fleer 2001, S. 2.

4 Vgl. Gertz 2004, S. 50-51.

dem betriebswirtschaftlichen Selbstverständnis heraus die Optimierung des Ressourceneinsatzes elementare Aufgabe jeder wirtschaftlichen Unternehmung ist, der sich also auch eine Personalabteilung stellen muss. Nur wenn die Quellen der Wertschöpfung in einem Unternehmen, also auch innerhalb einer Personalabteilung, bekannt sind, kann diese auch bewusst beibehalten oder optimiert werden.

1.2 Wandel vom Kostenverursacher zum Wertschöpfer

War es in der Bürokratie- und der Institutionalisierungsphase (bis ca. 1970) des Personalwesens die Philosophie der betrieblichen Personalarbeit, den Bestand der Personalkonten zu pflegen, bzw. das Personal an die Anforderungen des Unternehmens anzupassen, ist seit 1980 in der Ökonomisierungsphase eine Anpassung der Organisation und des Personals an veränderte Rahmenbedingungen nach Wirtschaftlichkeitsaspekten erkennbar.[5]

Ein global verschärfter Wettbewerb zwingt die Unternehmen mit zunehmender Geschwindigkeit, organisatorische, strategische und personelle Veränderungsprozesse zu initiieren und zu realisieren. Vor diesem Hintergrund waren und sind viele Unternehmen gezwungen, ihre Strukturen auf „Schlankheit" (Lean Management, Dezentralisierung und Downsizing), die Prozesse auf Qualität, Kundenorientierung und Effizienz (Business Reengineering, Prozess- und Qualitätsmanagement), sowie die Geschäftsaktivitäten auf Nutzen und Wirtschaftlichkeit (Outsourcing, Value added, Kernkompetenzen) zu prüfen.[6] Von diesen Veränderungsprozessen ist die Personalabteilung in doppelter Hinsicht betroffen, zum einen ist der Personalbereich aktiv an der Gestaltung und Umsetzung dieser Konzepte beteiligt und zum anderen ist der Personalbereich selbst immer wieder Gegenstand von Wirtschaftlichkeits- und Effizienzüberlegungen.

---

5 Vgl. Wunderer/Arx 2002, S. 27.

6 Vgl. Wunderer/Arx 2002, S. 25.

Die Personalabteilung erbringt interne Dienstleistungen, die in der Regel durch eine Kostenumlage finanziert werden. Um die anspruchsvollen Aufgaben des Human Ressource Managements wahrnehmen zu können, reicht das Selbstverständnis als interne Verwaltungs- und Administrationsfunktion nicht mehr aus. Daher müssen die systematische Kunden- und Qualitätsorientierung, sowie die Beurteilung von Leistung nach ihrem Wertschöpfungsbeitrag im Gedankengut interner Dienstleister verankert werden.[7]

1.3 Beschreibung der Arbeit

Die Beurteilung des Wertschöpfungsbeitrags bietet der Personalabteilung Chancen sowohl zur Optimierung, als auch zur Rechtfertigung ihres Status. In der vorliegenden Arbeit soll geprüft werden, welche Möglichkeiten zum einen durch den klassischen Kostenansatz und zum anderen durch verschiedene Wertansätze bestehen, den Wertschöpfungsbeitrag der Personalabteilung transparent zu machen. Ziel ist es, eine Methode zu entwickeln, mit deren Hilfe der Wertschöpfungsbeitrag der Personalabteilung bestimmt werden kann. Das Erkenntnisobjekt dieser Arbeit bildet nicht die Personalabteilung im Ganzen, sondern lediglich ein Teil dieser, das Personalreferat[8]. Als Grundlage werden bereits vorhandene Methoden zur Messung des Wertschöpfungsbeitrages herangezogen, die im Rahmen dieser Arbeit zum einen angepasst werden auf den konkreten Fall eines Personalreferates und zum anderen miteinander kombiniert werden, um so den Wertschöpfungsbeitrag der Personalleistung eines Personalreferates bestmöglich zu bestimmen.

Im zweiten Teil der Arbeit wird die zuvor entwickelte Methode zur Messung der Personalleistung in die Praxis übertragen. Das Untersuchungsobjekt ist ein Referat der Personalabteilung der BayWa AG. Mittels der zuvor entwickelten

7 Vgl. Wunderer/Arx 2002, S. 26.

8 Der Begriff „Personalreferat" wird hier definiert als ein Teil der Personalabteilung, in welchem Personalleistungen erbracht werden.

Methode werden die Einzelprozesse[9] des Referates auf ihren Beitrag zur Wertschöpfung hin untersucht und beurteilt.

1.4 Thesen

Im Rahmen dieser Arbeit werden die folgenden Thesen auf ihre Richtigkeit geprüft:

- Auch administrative Abteilungen tragen zu der betrieblichen Wertschöpfung bei und können daher nicht als reine Kostenverursacher gesehen werden.
- Die Wertschöpfung setzt sich aus mehreren Bereichen zusammen. Daher ist es notwendig, neben den in aller Regel eindeutig messbaren Bereichen (betriebswirtschaftliche, dienstleistungs- und qualitätsbezogene Wertschöpfung), auch die nicht so leicht quantifizierbar zu machenden Bereiche (strategie- und potentialbezogene Wertschöpfung) in einen ganzheitlichen Ansatz zur Messung des Wertschöpfungsbeitrages zu integrieren.
- Durch die Betrachtung/Messung des Wertschöpfungsbeitrages lassen sich Wettbewerbsvorteile generieren. Die Wertschöpfungsmessung wird daher im Zuge der Globalisierung und des damit verbundenen immer stärker werdenden Wettbewerbs in Zukunft an Bedeutung gewinnen.

9 Siehe 2.1 Einzelprozesse.

2 Grundlagen

Da es in der Literatur keine einheitliche Auffassung[10] darüber gibt, wo Personalmanagement beginnt, wo es aufhört und was es beinhaltet, werden im Folgenden einige Begriffe im Zusammenhang der Personalarbeit definiert. Die Definitionen bilden die Grundlage dieser Arbeit und dienen dem einheitlichen Verständnis.

Ebenso wird in diesem Teil der Begriff Wertschöpfung einer näheren Betrachtung unterzogen, um die für die weitere Arbeit notwendigen Betrachtungsweisen der Wertschöpfung herauszuarbeiten.

2.1 Definitionen

Um ein einheitliches Verständnis der zentralen Begriffe in dieser Arbeit sicherzustellen, werden das Personalmanagement, die Personalabteilung, die Personalleistung/Kernprozesse, die Einzelprozesse, sowie das Wertschöpfungsbewusstsein im Folgenden definiert:

Personalmanagement

Für die Bezeichnung der betrieblichen Funktionen, die sich mit dem personalen Aspekt einer Unternehmung befasst, existieren eine Reihe unterschiedlicher Termini, wie z.B. Personalwesen, Personalwirtschaft, Personalarbeit oder Personalmanagement. Teilweise werden diese Begriffe in der Literatur synonym verwendet, zum Teil werden aber auch bestimmte Interpretationen damit verknüpft. Unabhängig von verschiedenen spezifischen Begriffsinhalten ist den Bezeichnungen gemein, dass sie sich auf die organisatorische Funktion beziehen, deren Aufgabe in den Prozessen der Bereitstellung und des zielgerichteten Einsatzes von Personen in Organisationen liegt.[11] Auf-

10 Vgl. Remer/Wunderer 1979, S. 9-29.

11 Vgl. Fleer 2001, S. 9.

grund der uneinheitlichen Verwendung dieser Begriffe in der wissenschaftlichen Literatur, wie auch in der Praxis, wird hier auf eine inhaltliche Differenzierung verzichtet. Satt dessen wird das umfassende Verständnis von Personalarbeit nach Berthel[12] zugrunde gelegt, wonach Personalmanagement den personellen Aspekt betreffende System- und Prozessgestaltung bezeichnet. Erstere Umfasst die Gestaltung von Systemen zur Verhaltenssteuerung und -konditionierung, während letztere die Führungstätigkeit, sowie die Handhabung der Systeme beinhaltet.

Personalabteilung

Die Personalabteilung ist einer von mehreren Trägern des Personalmanagements. Die Mitarbeiter der Personalabteilung sind zu einem überwiegenden und primären Teil mit Personalaufgaben[13] befasst. Als fachspezialisierte Abteilung sind der Personalabteilung somit Aufgaben zugeordnet, die in den Bereich des Personalmanagements fallen, die jedoch nicht das gesamte Personalmanagement umfassen, sondern eine Teilmenge davon bilden. Um den Aufgabenumfang der Personalabteilung einzugrenzen, ist die Unterscheidung von struktureller und interaktioneller Führung entscheidend. Während letztere die direkte Führungstätigkeit durch Vorgesetzte beschreibt, umfasst die strukturelle Führung die mittelbare Führung durch die Gestaltung von Führungskonzepten, sowie entsprechenden Instrumenten und Regelungen.[14]

Personalleistung/Kernprozess

Es gibt kein allgemeingültiges, vollständiges Spektrum, der von einer Personalabteilung übernommenen Aufgaben. Denn welche Aufgaben von der Personalabteilung wahrgenommen werden, ist stets eine unternehmensspezifische Entscheidung. Insbesondere sind hiermit auch Aspekte der Aufgaben- und der Kompetenzzuordnung verbunden. Festzuhalten ist aber, dass die in

---

12 Vgl. Berthel 2000, S. 9 f.

13 Vgl. 2.1.3 Personalaufgaben/Kernprozesse.

14 Vgl. Wunderer (1997), S. 2-9.

Abbildung 1 genannten Aufgabenbereiche in den Verantwortungsbereich der Personalabteilung fallen können und somit eine Strukturierung des möglichen Aufgabenspektrums erlauben.[15] Darüber hinaus werden für diese Arbeit im Hinblick auf den Praxisanteil folgende Prozesse als Kernprozesse definiert:

- Bewerbungen
- Einstellungen
- Mitarbeiteradministration
- Entgeltabrechnung
- Zeitwirtschaft
- Beendigung Arbeitsverhältnis
- Personalkostenplanung/Vorschaurechnung
- Sonderaufgaben

---

[15] Vgl. Fleer 2001, S. 12.

I. *Funktionsbereich Personalpolitische Konzepte*

- Grundsätze der Personalpolitik
- Beschaffungs- und Personalentwicklungspolitik
- Entgeltpolitik

II. *Personalpolitische Hilfsfunktionen*

- Führungs- und Aufbauorganisation
- Gestaltung der Arbeitsinhalte und Arbeitsbedingungen
- Arbeitsabläufe
- Arbeitssicherheit
- Arbeitsrecht
- Mitarbeiterinformation
- Öffentlichkeitsarbeit
- Betriebliches Vorschlagswesen

III. *Funktionsbereich Personalsysteme/ -instrumente*

- Arbeitsbewertung
- Leistungsbewertung
- Mitarbeiterbeurteilung
- Entgeltsysteme und Gestaltung der Sozialleistungen
- Personalforschung
- Personalinformationssysteme
- Personalplanung
- Personalentwicklung

IV. *Personalarbeit für unterschiedliche Mitarbeitergruppen*

- Personalbeschaffung
- Personalauswahl
- Ausbildung
- Personalbetreuung und Personaleinsatz
- Weiterbildung
- Versetzungen/Auslandsentsendungen
- Personalabbau
- Personalverwaltung

V. *Pflege und Ausbau der Arbeitnehmer-Arbeitgeber-Beziehungen*

- Arbeitnehmer
- Vertrauensleute
- Betriebsrat u. seine Ausschüsse/ Versammlungen
- Gewerkschaften und Arbeitgeberverbände
- Information des Aufsichtsrats

VI. *Sozialwesen*

- Soziale Betreuung
- Werksärztliche Dienste
- Betriebskrankenkassen

VII. *Allgemeine Dienste*

- Werkssicherheit
- Küche/Kantine
- Datenschutz
- Altersversorgung

Abbildung 1: Personale Aufgabenbereiche

Quelle: Wagner 1994, S. 20.

Einzelprozess

Unter Einzelprozess soll hier die Definition des Geschäftsprozesses nach Eiff verstanden werden: „Ein Geschäftsprozess ist ein am Kerngeschäft orientierter Arbeits-, Informations- und Entscheidungsprozess mit einem für den Unternehmenserfolg relevanten Resultat. Der Prozessoutput steht entweder in Verbindung mit einem konkreten Kundennutzen oder liefert einen nachvollziehbaren Beitrag zum Zielsystem des Unternehmens insgesamt".[16] In dieser Arbeit werden die Begriffe Einzelprozess und Geschäftsprozess synonym verwendet.

Wertschöpfung

In dieser Arbeit ist der Begriff „Wert" und damit auch die Wertschöpfung subjektivistisch zu sehen, wonach der Wert als ein Phänomen gesehen wird, das sich im Zusammentreffen von Objekt, wertendem Subjekt und einer Subjekt-Objekt-Beziehung konstituiert. Eine Wertangabe ist danach der Grad der Brauchbarkeit eines Mittels zur Erfüllung eines Zwecks, der in der Nutzenstiftung für Subjekte liegt. Der Wert allgemein stellt also eine Messgröße für die Zielerreichung bzw. für die Zielwirksamkeit einer Maßnahme dar.[17]

Wertschöpfungsbewusstsein

Ein Wertschöpfungsbewusstsein entsteht durch Transparenz bei der Messung der Wertschöpfung. Die Mitarbeiter werden dadurch in die Ergebnisauswertung eingebunden und erkennen auf diese Weise, welche Einzelprozesse in welchem Umfang zum Erfolg des Unternehmens beitragen. Somit können sie eigenverantwortlich wertschöpfungsorientiert handeln, indem sie Einzelprozesse, die sich positiv auf die Wertschöpfung auswirken weiterhin beibehalten und Einzelprozesse die sich neutral oder negativ auswirken optimieren.

---

[16] Vgl. Eiff 1996, S. 6.

[17] Vgl. Wunderer/Jaritz 1999, S. 29.

Unter Wertschöpfungsbewusstsein soll hier also das Wissen um die Zusammensetzung des Wertschöpfungsbeitrages einer Abteilung, sowie das wertschöpfungsorientierte Handeln, welches zum Ziel hat, den persönlichen Beitrag zur Wertschöpfung zu steigern, verstanden werden.

2.2 Der Wertschöpfungsbegriff

In der Literatur gibt es keine einheitliche Definition von Wertschöpfung. Häufig verwendet wird die Definition, nach welcher die Wertschöpfung eines Betriebes der Wert ist, den der Betrieb den von anderen Betrieben übernommenen Wirtschaftsleistungen hinzugefügt hat.[18] Diese Arbeit soll zeigen, dass neben der oben erwähnten Form der Wertschöpfung auch noch andere Arten der Wertschöpfung existieren, die bei der Betrachtung des Wertschöpfungsbeitrages eines administrativen Bereiches eines Unternehmens eine große Rolle spielen und auf jeden Fall mit in die Betrachtung einbezogen werden müssen. Anschließend soll ein Überblick über die Bereiche der Wertschöpfung gegeben werden, die für die Evaluierung des Wertschöpfungsbeitrages der Personalabteilung relevant sind. Im weiteren Verlauf der Arbeit wird dann geprüft, in welchem Maß die verschiedenen Arten der Wertschöpfung Einfluss auf den Wertschöpfungsbeitrag der Personalabteilung insgesamt haben.[19]

Die volkswirtschaftliche Wertschöpfung

Im volkswirtschaftlichen Rechnungswesen wird die Wertschöpfung durch den Wert bezeichnet, der in einer produzierenden Einheit den Vorleistungen durch die Abgabe von Leistungen und Nutzungen von Bestandsfaktoren hinzugefügt wird.[20]

---

18 Vgl. Wunderer/Jaritz 1999, S. 33, Weber 1993, S. 2174.

19 Siehe Punkt 3.3.4 Messung der Wertschöpfung.

20 Vgl. Engelkamp/Sell 2003, S. 143.

Die betriebswirtschaftliche Wertschöpfung

Der betriebswirtschaftliche Wertschöpfungsbegriff ist eng mit dem volkswirtschaftlichen verbunden. Er wird verstanden als Wert, den der Betrieb oder der Teil eines Betriebes, den von anderen Betrieben übernommenen Wirtschaftsleistungen hinzugefügt hat.[21] Da die volkswirtschaftliche Wertschöpfung der betriebswirtschaftlichen ähnlich ist, wird im weiteren Verlauf nur noch die betriebswirtschaftliche Wertschöpfung betrachtet.[22]

Die qualitätsbezogene Wertschöpfung

Der Ursprung des Wortes Qualität liegt im lateinischen *qualitas*, das sich aus *qualis* (wie beschaffen) ableitet und in das Deutsche übersetzt für Beschaffenheit, Vortrefflichkeit, Verhältnis oder Eigenschaft steht. Allgemein versteht man unter Qualität zunächst also die Güte oder die Beschaffenheit einer Ware oder einer Leistung.[23] Durch den am Anfang des vorigen Jahrhunderts einsetzenden Taylorismus[24] und die damit verbundene Arbeitsteilung kam es zu einer Trennung der zuvor ungeteilten Verantwortung für Kosten, Zeit und Qualität. Die Kontrolle der Qualität rückte dadurch in den Vordergrund des Geschehens. Neben produkt- und dienstleistungsbezogenen Definitionen lässt sich die Qualität auch auf Arbeitsbedingungen, die Prozesse, die Außenbeziehungen und damit auf die Organisation als Ganzes beziehen. Im Weiteren sind die dienstleistungsbezogene, sowie die prozessbezogene Sichtweise von Bedeutung.[25] Die Grundlage des heutigen Qualitätsverständnisses findet sich in der Definition der International Standard Organisation (ISO). Die Europäische Norm (EN) und das Deutsches Institut für Normung (DIN) übernahmen die Definition der ISO. So ist Qualität nach der *DIN EN ISO 8402* die Ge-

---

21 Vgl. Coenenberg 1997, S. 710 ff, Weber 1993, S. 2174.

22 Vgl. Wunderer/Jaritz 1999, S. 33.

23 Vgl. Hartz, S. / Meisel, K. (2004); S. 127; Haubrock, M. (2002), S. 133; Puch, H.-J./Westermeyer, K. (1999), S. 104.

24 Vgl. Taylor 1919, S. 40-140.

25 Vgl. Garvin 1988, S. 40 ff, Bruhn 2004, S. 29-33.

samtheit von Merkmalen und Merkmalswerten einer Einheit bezüglich ihrer Eignung, festgelegte und vorausgesetzte Erfordernisse zu erfüllen. Unter einer Einheit kann ein Gut, eine Dienstleistung, eine Person, eine Organisation oder eine Kombination der genannten Objekte verstanden werden.[26] Qualität ist daher nichts Absolutes, sondern lässt sich als eine relationale Größe begreifen und wird erst durch den Bezug auf einen Maßstab, im Rahmen einer Anforderung oder über eine Erwartungshaltung fassbar, die an ein Produkt oder Leistung herantragen wird. Um im Rahmen von Qualitätsmanagement Wert zu schöpfen, gibt das Total Quality Management (TQM)[27] drei Grundprinzipien vor:

- Prozess- und Verbesserungsorientierung (Null-Fehler-Philosphie und ständige Verbesserung)
- Kundenorientierung (Kundenzufriedenheit sowohl interner und externer Kunden als auch unter Einbeziehung der Lieferanten): Jede Aktivität der Organisation muss einen Nutzen für den Kunden bringen, wobei der Grad der Erfüllung der Kundenanforderungen (Kundenzufriedenheit) als Qualität definiert wird.[28]
- Managementverhalten und Humanorientierung (Top-Down-Ansatz und Führung durch Vorbild und Verpflichtung)

Qualitätsbezogene Wertschöpfung kann daher bezeichnet werden, als der Beitrag zur Wertschöpfung der durch ein umfassendes Qualitätsmanagement dem Unternehmen entsteht.

Die dienstleistungsbezogene Wertschöpfung

Diese Betrachtungsweise ist von Bedeutung, da die Masse der Leistungen der Personalabteilung aus Dienstleistungen bestehen, die für andere Unterneh-

---

26 Vgl. Haubrock, M. (2002), S. 133.

27 Vgl. Witte 1993, Wunderer/Gerig/Hauser 1997, S. 137 ff.

28 Vgl. Lachhammer, H. (2000), S. 139.

mensbereiche erbracht werden. Dienstleistungen zeichnen sich im Vergleich zu Produkten durch drei Besonderheiten aus, die für das Dienstleistungsmanagement und damit auch für die dienstleistungsbezogene Wertschöpfung von Bedeutung sind:[29]

1. Immaterialität, aus ihr ergeben sich noch zwei weitere Merkmale, die Nichtlagerfähigkeit und die Nichttransportfähigkeit
2. Leistungsfähigkeit des Dienstleistungsanbieters und
3. Integration des externen Faktors

Daraus ergibt sich, dass der Wert einer Dienstleistung zum großen Teil von der Werteinschätzung des Kunden abhängig ist. Daher wird der dienstleistungsbezogene Wert definiert als Gesamteinschätzung des Nutzens einer kommerziellen Leistung durch den Kunden auf der Basis seiner Wahrnehmung dessen, was er erhält und was er gibt.[30]

Die strategiebezogene Wertschöpfung

Die strategiebezogene Wertschöpfung bezeichnet den Wert, den ein Unternehmen aus einer Strategie zukünftig ziehen wird.[31] Diese Art der Wertschöpfung ist nur sehr schwer quantifizierbar zu machen, da zum einen die strategische Bedeutung, also der Nutzen einer bestimmten Maßnahme, für ein Unternehmen im Vorfeld kaum objektiv dargestellt werden kann und zum anderen strategische Entscheidungen sich in der Regel erst mit einer zeitlichen Verzögerung auswirken und nur im Nachhinein der Wert der Entscheidung eindeutig bestimmt werden kann. Die Schwierigkeit besteht also in der Bewertung des zukünftigen Wertes einer Strategie für ein Unternehmen.

29 Vgl. Meffert/Bruhn 1995, S. 61 ff.

30 Vgl. Zeithaml/Parasuraman/Berry 1992, S. 28-32.

31 Vgl. Wunderer/Jaritz 1999, S. 42.

Die potentialbezogene Wertschöpfung

Die potentialbezogene Wertschöpfung bezeichnet den Wert, den das Unternehmen in der Zukunft aus vorhandenen Potentialen[32] ziehen wird. Ausgangspunkt der potentialbezogenen Wertschöpfung ist eine Analyse der im Unternehmen vorhandenen Potentiale. Diese Potentiale gilt es, auf ihre zukünftige Ergebniswirksamkeit hin abzuschätzen und zu bewerten. Dieser Ansatz eignet sich für eine prospektive Beurteilung zukünftiger Ergebnisse, ausgehend von den vorhandenen Potentialen.[33] Nach Pümpin sind die Quellen der Wertschöpfung so genannte Nutzenpotentiale, wobei er externe und interne Nutzenpotentiale unterscheidet.[34] Pümpin gelangt zu dem Schluss, dass eine zukunftsgerichtete, erfolgreiche Unternehmensentwicklung nur dann realisiert werden kann, wenn dem Unternehmen attraktive Nutzenpotentiale zur Verfügung stehen und diese auch erschlossen werden. Eine erfolgreiche Unternehmensstrategie muss daher auf attraktive Nutzenpotentiale ausgerichtet sein.[35]

Die prozessbezogene Wertschöpfung

Die prozessbezogene Wertschöpfung ist in dieser Arbeit definiert als die Summe der betriebswirtschaftlichen, dienstleistungs- und qualitätsbezogenen Wertschöpfung, welche innerhalb eines Einzelprozesses auftritt. Der prozessbezogene Wert wird also an dem Preis gemessen, den die Kunden bereit sind für den Einzelprozess zu zahlen. Demnach kann die prozessbezogene Wertschöpfung durch Kostensenkung oder durch Produktdifferenzierung gesteigert werden.[36] Eine Kostensenkung oder Produktdifferenzierung kann erreicht werden, indem das gesamte Unternehmen in Funktionsbereiche und Wertschöpfungsaktivitäten gegliedert wird, um diesen anschließend den jeweiligen

---

32 Siehe Abb. 3.

33 Vgl. Pümpin 1992, S.28.

34 Siehe Anhang 6.

35 Vgl. Pümpin 1992, S.23.

36 Vgl. Wunderer/Jaritz 1999, S. 39.

Anteil der Betriebskosten und der Anlagen verursachungsgerecht zuzuordnen.[37] Danach kann jeder Prozess dahingehend beurteilt werden, welchen Beitrag er zum Wert des Unternehmens leistet, wo Einsparungen möglich und Differenzierungen denkbar sind. Die prozessbezogene Wertschöpfung lässt sich mittels der Ansätze von Porter[38] und Remer[39]ermitteln. Vor dem Hintergrund, dass mittlerweile im Durchschnitt fast 50% aller Beschäftigten in deutschen Industrieunternehmen in indirekten Leistungsbereichen, d. h. außerhalb der eigentlichen Fertigung, beschäftigt sind, gewinnt diese Art der Wertschöpfungsbetrachtung zunehmend an Bedeutung.[40]

2.3 Zusammenfassung

Wertschöpfung ist im Bereich Personalmanagement nicht als rein quantitative oder gar monetäre Größe zu sehen, sondern als Kombination von betriebswirtschaftlicher, qualitäts-, dienstleistungs-, strategie- und potentialbezogener Wertschöpfung. Da der Wert an sich eine Messgröße für die Zielerreichung, bzw. die Zielwirksamkeit darstellt, ist er nicht objektiv isoliert bestimmbar, sondern nur subjektiv relativiert.[41] Insbesondere bei der Bewertung der strategie- und potentialbezogenen Wertschöpfung ist die Bewertung stark von der subjektiven Sicht des Bewerters abhängig und kann auch innerhalb eines Unternehmens, je nach dem welche Anspruchsgruppe des Unternehmens bewertet, unterschiedlich ausfallen.

---

37 Vgl. Porter 1989, S. 97.

38 Vgl. Porter 1989.

39 Vgl Remer 1997.

40 Vgl. Remer 1997, S. 9.

41 Siehe 2.1 Wertschöpfung.

3 Möglichkeiten der Wertschöpfungsmessung

Zunächst werden allgemeingültige Kriterien angesprochen, denen jede Art der Wertschöpfungsmessung unterliegen muss, um diese erfolgreich in die Praxis einzuführen. Anschließend werden unterschiedliche Möglichkeiten zur Bestimmung der Wertschöpfung vorgestellt, aus denen dann ein ganzheitlicher Ansatz zur Bestimmung des Wertschöpfungsbeitrages der Personalabteilung entwickelt wird.

3.1 Kriterien für die Wertschöpfungsmessung

Methoden der Wertschöpfungsmessung können nur unter der Voraussetzung dauerhaft in die Praxis implementiert werden, wenn die Methoden gewissen Kriterien unterworfen sind. Die Kriterien dienen an erster Stelle den mit der Wertschöpfungsmessung betrauten Personen (oder auch dem gesamten Bereich, der von der Wertschöpfungsmessung betroffen ist) zur Selbstkontrolle (werden die Kriterien eingehalten, ist die Gefahr gering sich im Detail zu verlieren und somit eine kontraproduktive Methode zur Wertschöpfungsmessung einzuführen) und an zweiter Stelle dienen diese Kriterien als Argumente gegen Kritiker der Wertschöpfungsmessung. Im Folgenden sind die Kriterien aufgeführt, denen jede Methode zur Messung des Wertschöpfungsbeitrages genügen muss. Es wird hier nicht ausgeschlossen, dass darüber hinaus für den Einzelfall weitere Kriterien relevant sind.

3.1.1 Wirtschaftlichkeit

Überlegungen zur Messung des Wertschöpfungsbeitrages werden angestellt, um die Wertschöpfung, die in einem bestimmten Bereich stattfindet in einem ersten Schritt transparent zu machen und in einem zweiten Schritt die Grundlage dafür zu schaffen, die Wertschöpfung in diesem Bereich zu steigern. Aus diesem Grund ist es notwendig, den Aufwand der Wertschöpfungsmessung stets im Auge zu behalten, denn wenn die Messung der Wertschöpfung so aufwendig ist, dass sie den Wert, der in diesem Bereich geschaffen wird, direkt verzehrt, verfehlt eine derartige Messung ihren Sinn.

3.1.2 Zweckerfüllung

Im Rahmen der Zweckerfüllung muss geprüft werden, ob die Messmethode bzw. die einzelnen gemessenen Werte auch zielführend sind und somit Aussagekraft über die entstandene Wertschöpfung in einem Bereich besitzen.

3.1.3 Reliabilität

Unter Reliabilität wird die Stabilität des Ergebnisses verstanden, d. h. das Ergebnis muss auch dann stabil bleiben und ist damit für die Ermittlung des Wertschöpfungsbeitrages geeignet, wenn andere Instrumente verwendet werden, der Beurteiler der Messergebnisse wechselt oder sich der Zeitpunkt der Messung verändert.[42]

3.1.4 Transparenz

Der Begriff Transparenz wird in dieser Arbeit auf zwei verschiedenen Ebenen gesehen. Auf der abteilungsinternen Ebene soll Transparenz sicherstellen, dass der Prozess der Wertschöpfungsmessung für alle Mitarbeiter transparent ist und auf der unternehmensweiten Ebene soll sie

sicherstellten, dass für die Kunden[43] der Personalabteilung die Personalleistung, d. h. die Prozesse, welche in der Personalabteilung erstellt werden, sowie deren Kosten (Kosten- und Leistungstransparenz) transparent sind.[44] Dadurch entsteht in der Abteilung ein Wertschöpfungsbewusstsein, da für die Mitarbeiter ersichtlich ist, wo Werte geschaffen werden und bei den Kunden

---

42 Vgl. Fleer 2001, S. 165.

43 Unter „Kunden der Personalabteilung" sind in dieser Arbeit stets andere Abteilungen des Unternehmens zu verstehen, welche die Dienstleistungen der Personalabteilung in Anspruch nehmen.

44 Vgl. Lobenstein 2004, S. 26.

entsteht ein Kostenbewusstsein, da für sie die tatsächlichen Prozesskosten sichtbar sind und ihre Kostenstelle auch mit diesen belastet wird.

3.2 Ansätze zur Messung der Wertschöpfung

Nach den zuvor getroffenen grundsätzlichen Aussagen und Überlegungen, sollen im Folgenden Methoden aufgezeigt werden, welche eine Messung des Wertschöpfungsbeitrages ermöglichen. Ansätze zu einer kundenorientierten, unternehmerischen, sowie auch marktmäßigen Gestaltung einer Personalabteilung oder einzelner Personalteilfunktionen werden in der Literatur zur Zeit vermehrt diskutiert und sind auch in der Praxis schon teilweise realisiert.[45] Dabei herrscht weitestgehend Übereinstimmung, dass eine ausschließliche marktmäßige Steuerung des gesamten Personalbereichs in Form eines Profit-Centers problematisch ist, da sowohl die soziale Dimension, als auch die langfristig strategische Orientierung zugunsten eines kurzfristigen Periodenerfolgs vernachlässigt würde.[46] Die folgenden Ansätze zur Ermittlung des Wertschöpfungsbeitrages wurden gewählt, da sich der Wertschöpfungsbeitrag innerhalb der Personalabteilung aus verschiedenen Formen der Wertschöpfung zusammensetzt.[47]

3.2.1 Kostenrechnung

Kostenanalytische Ansätze versuchen, die Kosten bestimmter personalwirtschaftlicher Maßnahmen zu erfassen und zu analysieren. Als Erfassungsquellen dienen insbesondere die Lohn- und Gehaltsabrechnung, die aktienrechtliche Gewinn- und Verlustrechnung, das interne Rechnungswesen, sowie überbetriebliche Erhebungen. Im Vordergrund steht der Versuch, personalwirtschaftliche Sachverhalte als Kostenträger zu erfassen, dabei hängt die Höhe des Aufwandes für die Gewinnung aussagekräftiger Personalkosten ins-

---

45 Vgl. Wunderer 1992; Ackermann 1994.

46 Vgl. Wunderer 1999, S. 59.

47 Siehe 2.2 Der Wertschöpfungsbegriff.

besondere vom Entwicklungsstand des betrieblichen Rechnungswesens ab. Grenzen der kostenanalytischen Ansätze liegen vor allem in den eingesetzten Instrumenten und Verfahren der Kostenerfassung. Insgesamt bleibt als wesentlicher Mangel der kostenanalytischen Ansätze dessen einseitige Orientierung, an den Kosten des Mitarbeiters festzuhalten.[48]

3.2.1.1 Gemeinkostenumlage

Innerhalb der Gemeinkostenumlage wird den Unternehmensbereichen, die Dienstleistungen der Personalabteilung in Anspruch nehmen, pauschal ein Betrag X pro Mitarbeiter und Monat in Rechnung gestellt. Die Höhe des Betrages ist in der Regel frei gewählt und steht in keinem Zusammenhang mit den tatsächlich anfallenden Kosten.[49] Der Betrag deckt alle Dienstleistungen der Personalabteilung für die jeweiligen Unternehmensbereiche ab und ist für alle Leistungsempfänger gleich hoch, unabhängig davon, wieviele Dienstleistungen von der einzelnen Abteilung tatsächlich in Anspruch genommen werden.

3.2.1.2 Personalabteilung als Revenue-Center

Die Transformation der Personalabteilung in ein Revenue-Center ist mit dem Ziel verbunden, die Personaldienstleistungen nicht mehr über die Gemeinkostenumlage zu finanzieren, sondern über interne verursachungsgerechte und kostenorientierte Verrechnungspreise zu steuern.[50] Die Einführung des Revenue-Centers zwingt die Personalabteilung, zum einen für die Produkte und Dienstleistungen kostendeckende Preise zu ermitteln und zum anderen ein Kostenrechnungsverfahren zu entwickeln, das eine Festlegung geeigneter Bezugsgrößen und somit eine Kalkulation der Leistungen als Kostenträger er-

---

48 Vgl. Schulte 2002, S. 5.

49 Vgl. Karst/Schmitz 2001, S. 90.

50 Vgl. Wunderer/Arx 2002, S. 270.

möglicht. Um das Revenue-Center erfolgreich einzuführen, müssen folgende Punkte beachtet werden:[51]

- Produkte/Dienstleistungen der Personalabteilung werden als Kostenträger kalkuliert.
- Für die interne Verrechnung ist ein geeignetes Transferpreismodell zu bestimmen.
- Die Abnahmeverhandlungen dehnen sich auch auf eine Preisverhandlung aus, indem Vergleiche zu externen Anbietern ermöglicht werden.
- Stellenkosten können aufgrund der vereinbarten Abnahmemengen exakt budgetiert werden.
- Das Mengen- und Preisgerüst wird durch ein Kostencontrolling laufend überprüft.

Damit eine Preiskalkulation überhaupt möglich wird, müssen für die Personaldienstleistungen einerseits Bezugsgrößen definiert und andererseits durchschnittliche Bearbeitungszeiten pro Kundenauftrag ermittelt werden. Dadurch werden die Gemeinkosten, die seither jeder Kostenstelle zugerechnet wurden, durch mengeninduzierte Einzelkosten ersetzt. Grundsätzlich können die Personaldienstleistungen entweder pauschal (Divisionskalkulation) oder sehr differenziert (Einzelkalkulation) kalkuliert werden. Bei beiden Kalkulationsarten werden die direkten, ausgabenwirksamen und auftragsvariablen Einzelkosten für Insertion oder externe Personalberater den Kunden intern verursachungsgerecht weiterverrechnet. Die noch verbleibenden kumulierten Stellenkosten werden bei der pauschalen Vorgehensweise durch die innerhalb einer Rechnungsperiode angefallenen gleichartigen Fälle dividiert. Diese Art der Kalkulation eignet sich besonders für hoch repetitive Aufgaben, wie der Lohn- und Gehaltsabrechnung, sowie der Abrechnung der Sozialversicherung. Für sporadisch repetitive Aktivitäten muss eine andere Vorgehensweise gewählt

[51] Vgl. Wunderer/Arx 2002, S. 270.

werden, damit die bisher als Stellengemeinkosten ausgewiesenen Lohnkosten als auftragsspezifische Einzelkosten in der Kostenträgerrechnung differenziert ausgewiesen werden können. Für eine erstmalige Kalkulation der Personaldienstleistungen sind die Mitarbeiter der einzelnen Kostenstellen und ihr zeitlicher Aufwand exakt zu erfassen.[52] Die Umgestaltung der Personalabteilung in ein Revenue-Center hat zwei unmittelbare Folgen:

1. Die Dienstleistungen/Produkte der Personalabteilung werden vergleichbar mit anderen Unternehmen, bzw. mit anderen externen Anbietern von Personaldienstleistungen.
2. Der Dienstleistungsprozess und die Produkte der Personalabteilung werden für die Kunden transparent (Leistungs- und Kostentransparenz ist gegeben[53]).

Durch die Einführung des Revenue-Centers kann, wie bei einem reinen Dienstleistungsunternehmen, die betriebswirtschaftliche Wertschöpfung einer einzelnen Abteilung im Unternehmen gemessen werden.

3.2.2 Wertansätze

Anders als bei der Kostenrechnung steht bei den Wertansätzen der Wert, der in einem Bereich geschaffen oder erhalten wird im Vordergrund. Dabei ist es von dem einzelnen Unternehmen abhängig, wie der Begriff „Wert“ definiert wird. In der Regel setzt sich die Definition Wert aus den schon unter 2.2 vorgestellten Definitionsansätzen zusammen. Die Gewichtung der einzelnen Teildefinitionen variiert von Unternehmen zu Unternehmen. Nachfolgend werden unterschiedliche Ansätze vorgestellt, mit deren Hilfe der Wertschöpfungsbeitrag einer administrativen Abteilung (der Personalabteilung) bestimmt werden kann.

---

52 Vgl. Wunderer/Arx 2002, S. 272-275.

53 Siehe auch 3.1.4 Transparenz.

3.2.2.1 Wertschöpfungskette nach Porter

Porter unterscheidet zwei grundlegende Wettbewerbsstrategien zur Erreichung bzw. Sicherung von Wettbewerbsvorteilen: Die Kostenführerschafts- und die Differenzierungsstrategie.[54] Aus diesem Grund ist das zentrale Merkmal der Wertschöpfungskettenanalyse nach Porter, dass alle Leistungen hinsichtlich ihres Wertes für den Kunden analysiert werden. Dabei ist der Wert, der Betrag, den die Abnehmer für das, was ein Unternehmen ihnen zur Verfügung stellt, zu zahlen bereit sind.[55] Alle Aktivitäten einer Unternehmung lassen sich als Wertkette in einer prozessualen Abfolge (primäre Aktivitäten) bzw. diese überlagernde (unterstützende) Aktivitäten darstellen.[56] Bezüglich der Unternehmensstrategie ist es danach möglich, sämtliche Aktivitäten des Unternehmens hinsichtlich ihres Kostensenkungs- und Differenzierungspotentials zu analysieren. Nach Porter resultieren hieraus Werte für den Kunden, die zu Wettbewerbsvorteilen der Unternehmung am Markt werden.[57]

Analyse der Wettbewerbsvorteile mittels Wertkette

Mit Hilfe der Wertkette können die Wettbewerbsvorteile eines Unternehmens identifiziert und untersucht werden.[58] Ausgehend von der allgemeinen Wertkette einer Branche werden dazu die Wertaktivitäten eines Unternehmens ermittelt. Jede Kategorie lässt sich dabei in weitere einzelne Aktivitäten unterteilen.[59] Dazu müssen Wertaktivitäten mit unterschiedlichen Technologien oder unterschiedlichen ökonomischen Regeln voneinander getrennt behandelt werden. Wie weit die Aufgliederung vorangetrieben werden sollte, hängt vom wirtschaftlichen Zusammenhang der Aktivitäten und von dem Zweck ab, für den die Wertkette analysiert wird. Grundsätzlich ist zu sagen,

---

54 Vgl. Porter 1989, S. 93.

55 Vgl. Porter, 1989, S. 64.

56 Vgl. Fleer 2001, S. 173, siehe Anhang 3.

57 Vgl. Porter 1989, S. 59.

58 Vgl. Porter 1989, S. 66.

59 Siehe Anhang 4.

dass Aktivitäten mit unterschiedlichen wirtschaftlichen Zusammenhängen, mit einem hohen Differenzierungspotential oder mit einem erheblichen Kostenanteil voneinander getrennt behandelt werden sollten, während Aktivitäten, die sich irrelevant für den Wettbewerb erweisen oder ähnlichen wirtschaftlichen Regeln folgen, zusammengefasst werden können. Wurde die Wertkette auf diese Art definiert, müssen die Wertaktivitäten in direkte Aktivitäten (sind an der Wertbildung für den Käufer direkt beteiligt), in indirekte Aktivitäten (ermöglichen die kontinuierliche Ausführung von direkten Aktivitäten) und in Qualitätssicherung (Aktivitäten, die die Qualität anderer Aktivitäten sichern) unterschieden werden.[60] Dies ermöglicht es, genaue Aussagen über die einzelnen Wertaktivitäten und ihrem Beitrag in Bezug auf Wettbewerbsvorteile zu machen.

Wertkette und Kostenanalyse

Ausgangspunkt bei der Kostenanalyse ist, wie auch schon bei der Analyse der Wettbewerbsvorteile, die Definition der Wertkette. Jede Wertaktivität hat eine eigene Kostenstruktur und ihr Kostenverhalten kann von Verknüpfungen und Verflechtungen mit anderen Aktivitäten, sowohl innerhalb wie auch außerhalb des Unternehmens beeinflusst werden. Innerhalb der Kostenanalyse sollten Aktivitäten getrennt behandelt werden, wenn sie einen erheblichen oder rasch steigenden Prozentsatz der Betriebskosten oder -anlagen beanspruchen. Dazu ist es notwenig, die Betriebskosten und Anlagegüter den Wertaktivitäten zuzuordnen. Die Betriebskosten sollten den Aktivitäten zugeordnet werden, die ihren Einsatz erforderlich machen, ihn steuern oder am meisten beeinflussen. Da die Anlagegüter kostspielig sind und bei ihrer Auswahl und Nutzung oft Optimierungskompromisse mit den Betriebskosten gefunden werden müssen, sind sie den Wertaktivitäten so zuzuordnen, dass eine Analyse des Kostenverhaltens möglich wird. Aus der Betriebskosten- und Anlagenallokation ergibt sich eine Wertkette, welche die Kostenverteilung im

---

60 Vgl. Porter 1989, S. 71.

Unternehmen graphisch verdeutlicht. Es kann sich dabei als aufschlussreich erweisen, wenn die Kosten jeder Wertaktivität in drei Kategorien unterteilt werden: Gekaufte Inputs, Personalkosten und Anlagen. Bereits aus der ersten Zuordnung von Betriebskosten und Anlagen in der Wertkette können sich unter Umständen Kostensenkungspotentiale erkennen lassen.[61]

Da es sich bei der Wertkettenanalyse um einen ganzheitlichen Ansatz handelt, eröffnet sich ein breites Anwendungsfeld, mit dem neben der Analyse von Wettbewerbsvorteilen und Kostenstrukturen auch sämtliche Leistungsbeiträge der Personalabteilung (oder einer anderen administrativen Abteilung) analysiert werden können.[62] Der Schlüssel zur erweiterten Nutzung der Wertkettenanalyse liegt in der Definition der geschaffenen Werte, daher sind zur Konstruktion von Wertketten innerhalb des Personalmanagements eine geeignete Identifikation der Aktivitäten, sowie deren Kategorisierung in primäre und sekundäre Aktivitäten erforderlich. Im Folgenden wird eine mögliche Wirkungskette innerhalb des Personalmanagements am Beispiel eines Personalentwicklungsprogramms für Führungskräfte dargestellt:

---

61 Vgl. Porter 1989, S. 95-103.

62 Vgl. Fleer 2001, S. 173.

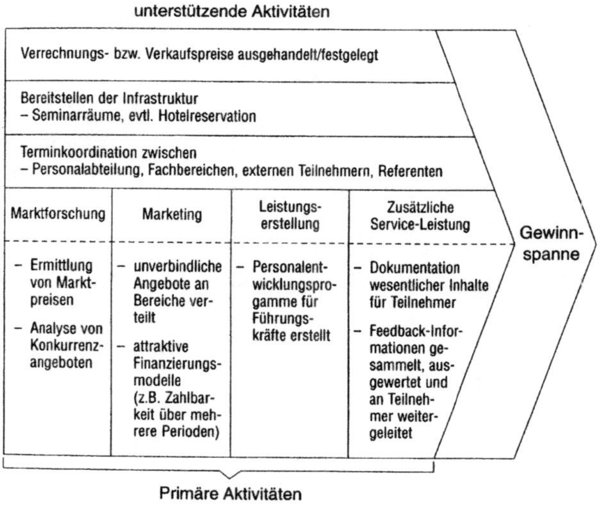

Abbildung 2: Wertschöpfungskette eines Personalentwicklungsprogramms

Quelle: Wunderer/Kuhn 1995.

Die Wertkette ordnet sämtliche Aktivitäten und veranschaulicht auf diese Weise, wie die Ergebnisse respektive die Werte zustande kommen. Ihre wesentliche Aufgabe liegt in diesem Fall in der Lieferung einer Basis für die Gewichtung der einzelnen Prozesse hinsichtlich ihrer Bedeutung für die entstandene Wertschöpfung.

3.2.2.2 Nutzenpotentiale nach Pümpin

Nach Pümpin sind Nutzenpotentiale[63] die Quellen der Wertschöpfung.[64] Erst das Erkennen und die konsequente Nutzung der Nutzenpotentiale führen zu

---

[63] Siehe Anhang 6.

[64] Pümpin 1992, S. 20.

Wertschöpfung in einem Bereich. Für das Personalmanagement sind unter anderem folgende Nutzenpotentiale relevant:[65]

Nutzenpotentiale	
externe Nutzenpotentiale	**interne Nutzenpotentiale**
• Beschaffungspotential	• internes Humanpotential
• externes Humanpotential	• Know-how Potential
• Imagepotential	• Kostensenkungspotential
• Kooperationspotential	• organisatorisches Potential
• Marktpotential	• Synergiepotential

Abbildung 3: Externe und interne Nutzenpotentiale für das Personalmanagement

Quelle: Wunderer/Jaritz 1999, S. 94.

Alle weiteren Nutzenpotentiale nach Pümpin werden hier nicht betrachtet, da sie für das Personalmanagement von keiner oder nur geringer Bedeutung sind.

Analog zum Produktlebenszyklus durchlaufen auch Nutzenpotentiale einen Lebenszyklus. In der Entstehungsphase befasst sich oft nur ein einzelner Pionierunternehmer mit der Erschließung des Nutzenpotentials. Bald kommen jedoch weitere Unternehmen hinzu, die während der Wachstumsphase vom erkannten Nutzenpotential profitieren wollen. Mit der Zeit tritt das Nutzenpotential infolge weiterer Umweltveränderungen in die Reifephase und erschöpft sich zusehends, womit dann die Niedergangsphase beginnt.[66] Als attraktiv können nur Nutzenpotentiale gelten, die sich in der Wachstumsphase befinden, daher erfordert eine dynamische und strategische Führung, dass das

65 Vgl. Wunderer/Jaritz 1999, S. 94.

66 Vgl. Pümpin 1992, S. 25.

Unternehmen immer bestrebt sein muss, Nutzenpotentiale so früh wie möglich zu erschließen. Die permanente Suche nach neuen Nutzenpotentialen wird so zu einer zentralen Managementaufgabe.[67]

Für die Messung der Wertschöpfung, welche in Verbindung mit Nutzenpotentialen entsteht, lassen sich aufgrund des engen Zusammenhangs von Potentialen und Ergebnissen zwei Vorgehensweisen unterscheiden:[68]

1. Bei der potentialorientierten Ergebnisbewertung steht die Analyse der Resultate im Vordergrund. Von diesen ausgehend werden dann die Prozesse und Potentiale untersucht, inwieweit diese zur Erzielung der Ergebnisse beigetragen haben und inwieweit Maßnahmen zur Beeinflussung der Potentiale und Prozesse notwenig sind, um zukünftige Ziele zu erreichen.
2. Bei der ergebnisorientierten Potentialbewertung ist der Ausgangspunkt eine Analyse der Potentiale. Es gilt, die zukünftige Ergebniswirksamkeit der Potentiale über die Prozesse abzuschätzen.

Beide Vorgehensweisen unterscheiden sich damit in der Bewertungsperspektive. In beiden Fällen nimmt die prozessbezogene Wertschöpfung eine wesentliche Rolle ein, da nur über ein effizientes Prozessmanagement die Potentiale in Ergebnisse überführt werden können.

---

67 Vgl. Pümpin 1992, S.27.

68 Vgl. Wunderer/Jaritz 1999, S. 95.

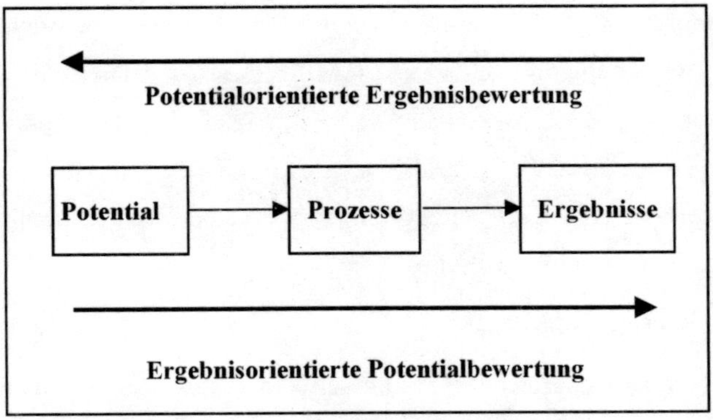

Abbildung 4: Zwei Perspektiven der Wertschöpfungsmessung

Quelle: Wunderer/Jaritz 1999, S. 96.

3.2.2.3 Wertschöpfungscenter nach Wunderer

Dem Wertschöpfungscenter nach Wunderer liegt die Total Quality Management-Philospohie (TQM-Philosophie)[69] zugrunde. Diese basiert auf einem kundenorientierten Selbstverständnis, auf der Steuerung über Markt und Netzwerke, sowie auf unternehmerischem Verhalten der Beteiligten. Das Wertschöpfungscenter-Konzept bildet daher einen strukturell-systematischen Ansatz zur unternehmerischen, qualitäts- und dienstleistungsorientierten, sowie wirtschaftlichkeits- und wertschöpfungsorientierten Gestaltung des internen Dienstleisters „Personal".[70]

Das Wertschöpfungscenter ist ein ganzheitlicher Ansatz, der sich in die folgenden drei Dimensionen teilt:[71]

---

69 Vgl. Wunderer/Gerig/Hauser 1997, S. 137.

70 Vgl. Wunderer/Arx 2002, S. 49.

71 Vgl. Wunderer/Arx 2002, S. 53.

1. Die Management-Dimension

Innerhalb der Management-Dimension wird durch den Personalbereich die interne Marktsituation untersucht, das Produkt- und Dienstleistungsangebot geplant, sowie Führungskonzepte entwickelt, die es ermöglichen, die Unternehmensstrategie zu realisieren. Eine weitere Aufgabe der Management-Dimension ist es, regelmäßig den Nutzen der Personalprogramme und -maßnahmen zu ermitteln.

2. Die Service-Dimension

Sind die qualitativen und quantitativen Ziele, sowie die Leistungsphilosophie und -kultur des Wertschöpfungscenters innerhalb der Management-Dimension bestimmt worden, können diese in der Service-Dimension durch eine qualitäts- und kundenorientierte Prozessgestaltung konkretisiert werden. Der Nutzenbeitrag innerhalb der Service-Dimension wird durch die Steigerung der Effizienz, der Optimierung der Servicequalität, sowie durch eine bedürfnis- und bedarfsgerechte, innovative, flexible, professionelle und problemlösungsorientierte Unterstützung der internen Kunden erzielt.

3. Die Business-Dimension

Die Business-Dimension im Wertschöpfungscenter betrifft die finanzielle, bzw. wirtschaftlichkeitsorientierte Führung. Zentraler Bestandteil der Business-Dimension ist das Kostenmanagement des Personalbereiches. Daher kann sich diese Dimension sehr gut an den traditionellen Größen des Rechnungswesens, wie Kosten, Aufwand, Ertrag, Deckungsbeitrag, Wirtschaftlichkeit und Rentabilität orientieren. Eine weitere Aufgabe innerhalb der Business-Dimension ist es zu prüfen, ob für einzelne Teilfunktionen des Personalbereichs eine umfassende Führung als kostenverantwortliches Business-Center in Frage kommt.

Qualitätsindikatoren im Wertschöpfungscenter		
Management-Dimension	**Service-Dimension**	**Business-Dimension**
Unternehmenssicherung	Kundennutzen	Monetärer Erfolg
Innovation	Zuverlässigkeit/Reagibilität	Ausgaben
Planung/Koordination	Kompetenz	Aufwand/Kosten
Konflikthandhabung	Kontakt	Erträge/Leistungen
Umsetzung	Höflichkeit/Verständnis	Gewinn
Evaluation/Repräsentation	Kommunikation	

Abbildung 5: Qualitätsindikatoren im Wertschöpfungscenter

Quelle: Wunderer/Arx 2002, S. 52.

Wird das Wertschöpfungscenter herangezogen, um die Wertschöpfung in einem bestimmten Bereich zu messen, sind in einem ersten Schritt die drei Dimensionen getrennt voneinander zu betrachten.

Die Aufgabe der Management-Dimension ist die Unternehmenssicherung. Die Wertschöpfung, die hier stattfindet, ist vor allem strategie- und potentialbedingt. Das größte Problem der Messung des Wertschöpfungsbeitrages dieser Dimension besteht darin, dass strategische Planungen und Überlegungen einer objektiven, quantitativen und direkten Evaluation nur sehr schwer zugänglich sind.[72] Prinzipiell kann eine Messung über das Konzept der strategiebedingten Wertschöpfung erfolgen. Aus der Strategie des Personalmanagements lassen sich jedoch kaum die dafür benötigten Cash-Flows ableiten.[73] Daher ist es sinnvoll, die Wertschöpfung innerhalb der Management-Dimension durch die Erschließung und Ausnutzung von Erfolgspotentialen zu messen.[74] Die Zielgröße Erfolgspotential kann jedoch nicht selbst gemessen, sondern nur über Indikatoren abgebildet werden. Daher kommen für eine

72 Vgl. Pfohl 1988, S. 801 ff.

73 Vgl. Wunderer/Jaritz 1999, S. 223.

74 Vgl. Breid 1994.

Messung der Zieleinwirkungen in der Management-Dimension vor allem indirekte Messmethoden in Frage, welche sich auf Indikatoren stützen. Sofern sich diese nicht eindeutig für jeden nachvollziehbar feststellen lassen, fließen individuelle Werturteile und Einschätzungen des Beurteilenden in die Messung mit ein. Dieses subjektive Element gilt es, im Rahmen der Dokumentation der Messergebnisse transparent zu machen. Um die Erfolgsfaktoren zu klassifizieren, eignet sich eine systemorientierte Betrachtungsweise des Unternehmens.[75]

Im Mittelpunkt der Service-Dimension steht der Kunde und damit der Dienstleistungsgedanke. Für die Betrachtung des Wertschöpfungsbeitrages sind die dienstleistungsbezogene und die qualitätsbezogene Wertschöpfung relevant. Auch die prozessbezogene Betrachtung der Wertschöpfung spielt eine Rolle, sofern durch diesen Prozess eine für den Kunden spürbare Serviceverbesserung eintritt. Möglichkeiten der Evaluierung bietet hier die Kundenbefragung oder eine Kundenzufriedenheitsanalyse.

Die betriebswirtschaftlich geprägte Wertschöpfung kommt innerhalb der Business-Dimension zum tragen. Neben dieser spielt auch die prozessorientierte Wertschöpfung eine Rolle, sofern durch Prozessinnovation eine Senkung des Aufwandes oder der Kosten möglich wird. Diese Art der Wertschöpfung kann durch den erwirtschafteten Deckungsbeitrag oder durch das Verhältnis Aufwand zu Ertrag gemessen werden.

Es ist jedoch zu beachten, dass keine der drei Dimensionen für sich allein betrachtet werden kann, da sie eng miteinander vernetzt sind. Der Versuch den Wertschöpfungsbeitrag in einer der drei Dimensionen zu maximieren, ohne Berücksichtigung der anderen beiden Dimensionen, führt mit großer Wahrscheinlichkeit zu Negativeffekten des Wertschöpfungsbeitrages in den restlichen Dimensionen. Daher ist es eine zentrale Aufgabe der Unternehmensführung, klare Aussagen bezüglich der strategischen Ausrichtung der Perso-

[75] Vgl. Wunderer/Jaritz 1999, S. 225 ff.

nalarbeit zu machen, an welchen sich dann die Ziele der einzelnen Dimensionen ausrichten müssen.

3.2.3 Kosten- oder Wertschöpfungsrechnung

Nachdem zuvor verschiedene Ansätze aus dem Bereich der Kostenrechnung, sowie unterschiedliche Wertansätze vorgestellt wurden, soll in diesem Abschnitt auf die Vor- und Nachteile der einzelnen Möglichkeiten zur Bestimmung des Wertschöpfungsbeitrages eingegangen werden, sowie Gemeinsamkeiten und Unterschiede dieser Ansätze herausgearbeitet werden. Dies geschieht stets mit Blick auf die zu entwickelnde Methode zur Messung der Personalleistung innerhalb der Personalabteilung. Daher werden nur die Aspekte der Ansätze betrachtet, die für die Ermittlung des Wertschöpfungsbeitrages in diesem Bereich relevant sind.

Welche Ansätze machen zu welchen Arten der Wertschöpfung eine Aussage?

Die Beantwortung der Frage welche Ansätze geeignet sind, um die verschiedenen Ausprägungen der Wertschöpfung zu ermitteln, dient gleichzeitig als Begründung, weshalb die im Punkt 3.2 vorgestellten Theorien gewählt wurden. Die Gemeinkostenumlage wurde aufgeführt, da diese häufig in Unternehmen herangezogen wird, um eine Kostenstellenrechnung überhaupt möglich zu machen. Mit dem Revenue-Center lässt sich die betriebswirtschaftliche Wertschöpfung ermitteln, dadurch kann eine Kostenanalyse erstellt werden und Aussagen zu Wettbewerbsvorteilen gegenüber anderen Unternehmen sind möglich. Mittels der Wertkette lässt sich die prozessbezogene Wertschöpfung ermitteln, darüber hinaus sind auch Aussagen zur qualitätsbezogenen Wertschöpfung möglich. Auch die Wertkette ist dienlich, um mit ihr Kosten und Wettbewerbsvorteile zu analysieren. Der Schwerpunkt der Nutzenpotentialtheorie liegt in der Analyse der potential- und strategiebezogenen Wertschöpfung. Im Unterschied zu den anderen hier vorgestellten Ansätzen, handelt es sich bei dem Wertschöpfungscenter um einen integrierten

Ansatz, der den Kostengedanken (Business-Dimension), den Dienstleistungs- und Qualitätsgedanken (Service-Dimension), sowie den Strategie- und Potentialgedanken (Management-Dimension) zu einem Ansatz zusammenfasst. Die Ansätze wurden also gewählt, weil sie zum einen die gesamte Breite der Wertschöpfung abdecken und zum anderen, das Beispiel des Wertschöpfungscenters zeigt, wie verschiedene Ansätze zu einem ganzheitlichen Ansatz kombiniert werden können.

Vor und Nachteile der einzelnen Ansätze

- Die Gemeinkostenumlage bringt in Bezug auf die Erfassung des Wertschöpfungsbeitrages keine Vorteile. Da sie losgelöst von den tatsächlichen Kosten festgelegt wird, ist mit ihrer Hilfe auch keine Kostenanalyse möglich.
- Die Einführung des Revenue-Centers zwingt den jeweiligen Bereich, die tatsächlich anfallenden Kosten zu ermitteln und dann in der Folgezeit kostendeckend zu arbeiten. Da die Prozesse und die damit verbundenen Kosten durch die Einführung des Revenue-Centers transparent werden, wird in dem Bereich selbst ein Kostenverantwortungsbewusstsein[76] entwickelt und die erbrachte Leistung auch für Außenstehende deutlich. Ein weiterer Vorteil ist, dass der Bereich zukünftig mit anderen internen und externen Anbietern der gleichen Leistung verglichen werden kann. Allerdings ist mit Hilfe des Revenue-Centers keine Aussage bezüglich der strategie- oder potentialbezogenen Wertschöpfung möglich. Somit dient das Revenue-Center allein nicht als strategische Entscheidungshilfe für die Personalführung oder die Unternehmensleitung.
- Die Wertkettenanalyse ermöglicht es, Wettbewerbsvorteile eines Unternehmens einzelnen Prozessen zuzuordnen oder umgekehrt, aus einzelnen Prozessen Wettbewerbsvorteile zu generieren, sowie die

[76] Wunderer 2002, S. 290.

Betriebskosten und Anlagen dem einzelnen Prozess zuzuordnen. Dadurch kann der Beitrag des einzelnen Prozesses zur Wertschöpfung analysiert werden.

- Mittels der Bewertung von Nutzenpotentialen ist es möglich, strategische Entscheidungen der Unternehmensführung zu bewerten, und diese so mit in die Wertschöpfungsberechnung einzubeziehen. Die Schwierigkeit hierbei ist es, das Potential einer strategischen Entscheidung von heute so zu bewerten, dass der Wert, welcher in der Zukunft aus dieser strategischen Entscheidung für das Unternehmen entsteht, vorhersagbar wird oder umgekehrt, das erwirtschaftete Ergebnis den Potentialen nachträglich eindeutig zuzuordnen.
- Der Vorteil des Wertschöpfungscenters besteht in der Dreiteilung in die Management-, Service-, sowie in die Business-Dimension. Dadurch wird eine differenzierte Betrachtung des Wertschöpfungsbeitrages aus verschiedenen Perspektiven ermöglicht.

3.3 Ganzheitlicher Ansatz

Aufbauend auf den zuvor gemachten Überlegungen und den angesprochenen Grundlagen soll in diesem Teil der Arbeit eine Methode entwickelt werden, mit welcher der Wertschöpfungsbeitrag in einem Personalreferat bestimmt werden kann.

3.3.1 Die Wertschöpfung in der Personalabteilung

Wird zur Ermittlung des Wertschöpfungsbeitrages die Definition der betriebswirtschaftlichen Wertschöpfung allein als Grundlage genommen, kommt mit hoher Wahrscheinlichkeit ein verfälschtes Ergebnis heraus.[77] Selbst Standardprozesse der Personalabteilung, wie die Betreuung und Verwaltung von Mitarbeitern, tragen dazu bei, den Unternehmenswert konstant

[77] Vgl. Wunderer/Jaritz 1999, S. 65.

zu halten und sind somit werterhaltend.[78] Das Resultat einer mangelhaften Mitarbeiterbetreuung wäre eine größere Mitarbeiterunzufriedenheit, die sich wiederum direkt oder indirekt auf die Leistung des Einzelnen negativ auswirkt.[79] Auf der anderen Seite gibt es Entscheidungen, die kurzfristig gesehen Kosten verursachen, ohne werterhaltend oder wertsteigernd zu sein. Bei näherer Betrachtung der Entscheidung wird jedoch deutlich, dass das Unternehmen davon ausgeht, dass eine wertsteigernde oder werterhaltende Wirkung mittel- bis langfristig eintreten wird. Sichtbar wird diese Tatsache beispielsweise, wenn sich ein Unternehmen gegen eine Fremdvergabe eines Auftrags an einen externen Anbieter entscheidet, obwohl die Kosten der Eigenerstellung höher sind, um auf diese Weise zu erreichen, dass eine bestimmte Kompetenz/Wissen dem Unternehmen erhalten bleibt, wodurch sich das Unternehmen zukünftig Wettbewerbsvorteile erhofft.

Die Wertschöpfung innerhalb einer Personalabteilung setzt sich aus verschieden Wertschöpfungsbereichen zusammen.[80] Für die folgende Methode zur Messung der Wertschöpfung werden die betriebswirtschaftliche, die dienstleistungs-, die qualitäts-, die strategie-, sowie die potentialbezogene Wertschöpfung betrachtet. Diese Arten der Wertschöpfung wurden gewählt, da sie in jeder Personalabteilung vorhanden sind, wenn gleich sie in verschiedenen Unternehmen unterschiedlich stark gewichtet werden.

3.3.2 Prozesse in der Personalabteilung

Um eine Aussage zum Wertschöpfungsbeitrag der Personalabteilung insgesamt machen zu können, ist es notwendig, die Personalleistung der Abteilung in einem ersten Schritt zu erfassen und in einem zweiten Schritt jedem Kernprozess die zu seiner Ausführung notwendigen Einzelprozesse zuzuordnen. Für die Wertschöpfungsbetrachtung ist es unerlässlich, über einen gewissen

---

[78] Vgl. Wunderer 1997, S. 13.

[79] Vgl. Klages/Hippler 1991, S. 9-10.

[80] Vgl. Wunderer/Jaritz 1999, S. 28.

Zeitraum eine Arbeitszeitanalyse[81] durchzuführen, die zum Ziel hat, den Arbeitsaufwand eines jeden Einzelprozesses zu ermitteln. Bei den nachfolgend aufgeführten Prozessen handelt es sich um Kernprozesse, die durch die Personalabteilung erstellt werden:

- Bewerbungen
- Einstellungen
- Mitarbeiter-Administration
- Entgeltabrechnung
- Zeitwirtschaft
- Beendigung des Arbeitsverhältnisses
- Personalkostenplanung/Vorschaurechnung

3.3.3 Differenzierung der Prozesse

Nachdem die Kern-, sowie die Einzelprozesse, wie im Punkt 3.3.2 beschrieben, erfasst wurden und der Arbeitsaufwand pro Einzelprozess ermittelt wurde, ist es sinnvoll, die Prozesse nach gewissen Kriterien zu unterscheiden, da sie von unterschiedlichem Wert für die Unternehmung sein können und die Wertzusammensetzung ein wichtiger Punkt im Rahmen der Analyse des Wertschöpfungsbeitrages darstellt. Eine Unterscheidung nach folgenden Kriterien erscheint praktikabel und zielführend:

- *Werterhaltend,* d. h. der Kern- oder Einzelprozess trägt zum Erhalt des Unternehmenswertes bei.
- *Wertsteigernd*, d. h. der Kern- oder Einzelprozess steigert den Wert des Unternehmens.

81 Vgl. Wunderer 2002, S. 274.

- *Potentiell werterhaltend*, d. h. der Kern- oder Einzelprozess wird mutmaßlich in der Zukunft zum Erhalt des Unternehmenswertes beitragen. Hier besteht Unsicherheit in doppelter Hinsicht:
    1. Wirkt sich der Prozess überhaupt werterhaltend aus?
    2. Wann tritt die werterhaltende Wirkung ein?
- *Potentiell wertsteigernd*, d. h. der Kern- oder Einzelprozess wird den Unternehmenswert in Zukunft mutmaßlich steigern. Hier besteht Unsicherheit in dreifacher Hinsicht:
    1. Wirkt sich der Prozess überhaupt werterhaltend aus?
    2. Wann tritt die wertsteigernde Wirkung ein?
    3. Wie hoch wird die Wirkung sein?

Fehleinschätzungen der potentiellen Wirkung eines Prozesses bzw. die Tatsache, dass der Wert vieler Prozesse auch extern, von Umwelteinflüssen mitbestimmt wird und von der Abteilung, oft sogar von dem Unternehmen, nicht beeinflusst werden können, birgt ein erhöhtes Risiko, die potentiell werterhaltenden und wertsteigernden Prozesse falsch zu bewerten. Jedoch würde eine Nichtbetrachtung dieser Prozesse ebenfalls zu einem falschen Ergebnis führen, daher scheint es sinnvoll, Prozesse, deren mutmaßlicher Wertbeitrag in der Zukunft liegt, mit einer „Eintrittswahrscheinlichkeit“[82] zu kombinieren.

3.3.4 Messung der Wertschöpfung

Wie im Punkt 3.3.1 angesprochen, setzt sich der Wertschöpfungsbeitrag der Personalabteilung aus mehreren Bereichen zusammen, daher kann es nicht gelingen mit einer einzigen Messung (beispielsweise Anzahl der bearbeiteten

[82] Die Eintrittswahrscheinlichkeit, kann jeden beliebigen Wert zwischen 0 (Wirkung wird nicht mit in die Bewertung aufgenommen, da die mutmaßliche Wirkung mit einer Wahrscheinlichkeit von 0% eintritt) und 1 (Wirkung wird in voller Höhe mit in die Bewertung aufgenommen, da sie mit einer Wahrscheinlichkeit von 100% eintritt) annehmen.

Prozesse pro Mitarbeiter), den Beitrag der Personalabteilung zum Wertschöpfungsbeitrag zu ermitteln.

Im Rahmen dieser Arbeit werden die verschiedenen Bereiche der Wertschöpfung mit den dafür geeigneten Methoden[83] analysiert und quantifiziert.

Vorarbeiten um die Messung möglich zu machen

Es muss eine Kostenanalyse[84] durchgeführt werden, welche die tatsächlichen Kosten, die innerhalb der Abteilung anfallen, verursachungsgerecht den Kern- und Einzelprozessen zuordnet. Außerdem muss im Rahmen dieser Analyse klar werden, welche Dienstleistungen die jeweilige Abteilung an wen, zu welchem Preis abgibt und welche Dienstleistungen die Abteilung von anderen Abteilungen zu welchem Preis in Anspruch nimmt.

Aufbauend auf diese Analyse muss der Begriff der Wertschöpfung, sowie sämtliche Bereiche aus denen sich diese zusammensetzt, für diese Abteilung definiert werden.

Danach muss durch die Unternehmensführung die strategische Ausrichtung der Personalabteilung bestimmt werden und wie diese im Rahmen der Wertschöpfungsmessung zu bewerten ist.

Messung der quantifizierbaren Bereiche

Die verschiedenen Bereiche der Wertschöpfung können ganz grob in zwei Teile unterteilt werden. In Bereiche, die eindeutig quantifizierbar sind und in Bereiche, die nur sehr schwer zu quantifizieren sind. Der quantifizierbare Bereich setzt sich dabei aus der betriebswirtschaftlichen, der qualitäts- und der dienstleistungsbezogenen Wertschöpfung zusammen. Diese werden nun einzeln betrachtet. Dabei werden Möglichkeiten der Messung aufgezeigt.

---

83 Siehe Anhang 7.

84 Die Kostenanalyse sollte sich stark an den Grundsätzen des Revenue-Centers orientieren.

Die betriebswirtschaftliche Wertschöpfung

Die betriebswirtschaftliche Wertschöpfung ist mittels des Revenue-Centers eindeutig zu bestimmen. Grundlage bildet dabei die unternehmensinterne Leistungsverrechnung, also die Einnahmen, welche die Personalabteilung von anderen Unternehmensbereichen für die erbrachten Dienstleistungen erhält, abzüglich der eigenen Kosten[85] (Personalkosten; Kosten für die Inanspruchnahme von Dienstleistungen, wie etwa der Rechtsabteilung und Kosten für Infrastruktur, wie etwa Büroräume, EDV etc.).

Die dienstleistungsbezogene Wertschöpfung

Diese bezieht sich auf die Dienstleistung an sich, d. h. den Service, den die Personalabteilung anderen Unternehmensbereichen zur Verfügung stellt. Messen lässt sich dieser Wertschöpfungsbereich mittels Kundenzufriedenheitsanalysen oder durch Messungen von Kennzahlen wie etwa „durchschnittliche Bearbeitungsdauer von Kundenanfragen".

Die qualitätsbezogene Wertschöpfung

Hiermit ist die Produktqualität, also die Qualität der Dienstleistungen der Personalabteilung an sich gemeint. Sollen Kennzahlen zur Ermittlung der qualitätsbezogene Wertschöpfung herangezogen werden, so besteht beispielsweise die Möglichkeit, die „wahrgenommene Qualität durch den Kunden" (Kundenbefragung) oder die „Anzahl der Reklamationen" (beispielsweise hervorgerufen durch fehlerhafte Mitarbeiteradministration usw.) als Indikatoren für die qualitätsbezogene Wertschöpfung heranzuziehen. Eine andere Möglichkeit ist es, ein eventuell bereits bestehendes Qualitätskonzept, wie das Total Quality Management, in die Wertschöpfungsmessung zu integrieren. Das Total Quality Management (TQM) gilt als das umfassendste Qualitätsmodell. Wegen seiner grundsätzlichen Bedeutung wurde der Begriff TQM in die internationale Norm *DIN EN ISO 8402* unter der Bezeichnung umfassendes

[85] Vgl. Wunderer/Arx 2002, S. 277.

Qualitäts-Management (QM) aufgenommen. TQM ist dort definiert, als eine Managementmethode, welche sich auf die Mitwirkung aller Mitglieder einer Organisation stützt, die die Qualität in den Mittelpunkt stellt und auf Zufriedenheit der Kunden, sowie Nutzen für deren Mitglieder und für die Gesellschaft zielt.[86]

Messung der schwer quantifizierbaren Bereiche

Die Messung dieser Bereiche muss in zwei Schritten von statten gehen. In einem ersten Schritt müssen die potential-, sowie die strategiebezogene Wertschöpfungsbereiche innerhalb der Personalabteilung erkannt werden und in einem zweiten Schritt müssen diese hinsichtlich ihrer Bedeutung für den Wertschöpfungsbeitrag der Abteilung bewertet werden. Da die Wertschöpfung hier jedoch vor allem potentieller Art ist, d. h. der Wert einer Maßnahme für das Unternehmen ist nicht unmittelbar eindeutig zu identifizieren, sondern tritt mutmaßlich erst in der Zukunft ein, kommt der Bewertung[87] eine sehr gewichtige Bedeutung zu.

Die strategiebezogene Wertschöpfung

Sämtliche strategischen Maßnahmen, denen die Personalabteilung unterliegt bzw. die die Personalabteilung direkt oder indirekt betreffen, müssen erfasst werden. Für die weitere Betrachtung sind nur die Maßnahmen von Bedeutung, die die Personalabteilung zwingen, entgegen dem Wirtschaftlichkeitsprinzip zu handeln. (Beispiel: Unter ökonomischen Gesichtspunkten wäre es vorteilhafter die Rekrutierung von Nachwuchsführungskräften an eine Fremdfirma zu vergeben, jedoch soll aus strategischen Überlegungen die Kompetenz, Nachwuchsführungskräfte zu rekrutieren, dem Unternehmen erhalten bleiben, daher wird die Nachwuchsgewinnung nicht outgesourct).

---

86 Vgl. Haubrock, M. (2002), S. 138, Puch, H.-J. / Westermeyer, K. (1999), S. 115.

87 Siehe 3.3.4 Bewertung der Potentiale.

Sind alle strategischen Maßnahmen erfasst, welche die Personalabteilung zwingen, entgegen dem Wirtschaftlichkeitsprinzip zu handeln, muss die Existenzberechtigung der strategischen Maßnahme wie folgt geprüft werden:

1. Wird mit der Maßnahme überhaupt noch eine Strategie verfolgt oder ist sie mit der Zeit ein Stück Unternehmensmentalität geworden („Das haben wir schon immer so gemacht…")?
2. Ist die Strategie, die durch diese Maßnahme unterstützt wird noch aktuell?
3. Wie ist die mutmaßliche Wirkung dieser Strategie (werterhaltend, wertsteigernd)?
4. Wann tritt die Wirkung ein?

Im Rahmen dieser Prüfung gilt es sämtliche Strategien, welche nach dieser Prüfung keine Existenzberechtigung besitzen, aufzuheben. Die restlichen Strategien müssen einer Bewertung unterzogen werden.[88]

Die Bewertung der strategiebezogenen Wertschöpfung

Um die strategiebezogene Wertschöpfung einer Bewertung zu unterziehen, ist die operationale Formulierung der Ziele von entscheidender Bedeutung. Die personalwirtschaftlichen Unterziele sind dazu aus den zuvor erkannten Unternehmensstrategien abzuleiten. Um Zielklarheit bei der Formulierung von operationalen Zielen zu erreichen, müssen folgende Punkte berücksichtigt werden:[89]

- ein abgegrenztes Zielobjekt,
- bestimmte Zieleigenschaften (Zielvariablen),
- eindeutige Zielmaßstäbe,
- explizite und präzise Angaben zum angestrebten Ausmaß,

88 Siehe 3.3.4 Bewertung der Potentiale

89 Vgl. March/Simon 1958, S. 150 ff.

- eine Angabe zum zeitlichen Bezug des Ziels und
- eine Präferenzordnung, falls mehr als ein Ziel angestrebt wird.

Diese Bedingungen der Zielklarheit sind jedoch oft nicht zu erfüllen. In komplexen Entscheidungssituationen, was gerade für den Bereich der strategischen Wertschöpfung zutrifft, ist die Problemstruktur häufig unklar. Außerdem werden häufig kontextbestimmte Ziele aufgestellt, die für eine bestimmte Situation in Abhängigkeit von der erwarteten Situation formuliert sind. Tritt die erwartete Situation nicht ein, kann gegebenenfalls eine flexible Anpassung des Ziels oder sogar die Abkehr von diesem notwendig sein. Ziele, die keine oder nur sehr geringe Freiheitsspielräume aufweisen, schränken somit die Flexibilität eines unternehmerischen und wirtschaftlichen Handelns ein. Das Postulat der Zielklarheit ist daher häufig aus kontextbestimmten Gründen nicht aufrecht zu erhalten. Schließlich sprechen auch konfliktbedingte Erklärungen gegen das Postulat der Zielklarheit. Sofern mehrere Ziele angestrebt werden, sind diese zumindest partiell konfliktär, da sie von unterschiedlichen Interaktionspartnern (hier: Unternehmensleitung, Personalabteilungsleitung, Führungskräfte und Mitarbeitervertreter) vertreten werden.

Für die Wertschöpfungsmessung im Personalmanagement bedeutet dies, dass die strategiebezogene Wertschöpfung sich nur bezüglich derjenigen Teilbereiche messen lässt, für welche operationale Ziele formuliert werden können. Je nach dem Umfang und der Ausdifferenzierung der Ziele und der Präzision des Anspruchsniveaus und der Grenzwerte lassen sich dann prinzipiell mehr oder weniger exakte Aussagen machen.[90]

Die potentialbezogene Wertschöpfung

Die Betrachtung der potentialbezogenen Wertschöpfung soll die Potentiale innerhalb der Personalabteilung sichtbar machen. Als Grundlage für die Identifizierung der Potentiale, können die Nutzenpotentiale nach Pümpin dienen,[91]

---

90 Vgl. Wunderer/Jaritz 1999, S. 229.

91 Siehe 3.2.2.2.

darüber hinaus sollte jedoch noch nach weiteren Potentialen innerhalb der Abteilung gesucht werden. Nach der Identifizierung der Potentiale müssen auch diese bewertet werden, um sie in die Wertschöpfungsbeitragsberechnung integrieren zu können.

Die Bewertung der potentialbezogenen Wertschöpfung

Grundsätzlich existieren zwei unterschiedliche Möglichkeiten, um die potentialbezogene Wertschöpfung zu ermitteln, die potentialorientierte Ergebnisbewertung und die ergebnisorientierte Potentialbewertung.[92] Beide Arten der Bewertung haben Vor- und Nachteile: Die potentialorientierte Ergebnisbewertung geht vom Ergebnis aus und untersucht den Beitrag der einzelne Potentiale zum Ergebnis. Nachteile bestehen zum einen darin, dass es sich hierbei um eine nachträgliche Betrachtungsweise handelt (das Ergebnis muss bekannt sein) und zum anderen kann nicht jedem Potential vollkommen objektiv ein Anteil am Endergebnis zugerechnet werden. Die ergebnisorientierte Potentialbewertung geht vom Potential aus und bewertet den Nutzen (das Ergebnis), welches das Unternehmen zukünftig aus den Potentialen ziehen wird. Um die Nachteile innerhalb der Bewertung zu minimieren ist es daher sinnvoll, beide Betrachtungsweisen parallel für die Bewertung von Potentialen heranzuziehen. Weiter ist zu beachten, dass die Bewertung von Potentialen einer Erfahrungs- und Lernkurve unterliegt, daher ist es sinnvoll in den ersten Perioden die voraussichtliche Wirkung vorsichtig zu bewerten. Möglich ist dies durch die Verringerung der Eintrittswahrscheinlichkeit. Zeigt sich im Laufe mehrerer Perioden, dass die Bewertungen nur gering von dem tatsächlichen Ergebnis abweichen, kann die Eintrittswahrscheinlichkeit hoch gesetzt werden, die potentiellen Prozesse bekommen so mehr Gewicht.

Eine Möglichkeit, wie Potentiale und Strategien quantifizierbar gemacht werden können, ist mittels einer Skala von -5 bis +5 (-5=wertmindernd; 0=werterhaltend; +5=wertsteigernd). Mit Hilfe dieser Skala muss dann jede

[92] Siehe Abb. 4: Zwei Perspektiven der Wertschöpfungsmessung.

Maßnahme bewertet werden. Der Wert geht dann in die „Ergebnismatrix“[93] ein.

Ergebnis

Es bietet sich an, das Ergebnis der Wertschöpfungsmessung in Matrixform[94] darzustellen. Die Darstellung mittels Matrix bietet folgende Vorteile:

- Übersichtliche Darstellung der Ergebnisse: Dadurch kann die Wertschöpfungsmessung als Instrument zur Kontrolle und Steuerung herangezogen werden.
- Sämtliche hier genannten Arten der Wertschöpfung lassen sich in Matrixform darstellen.
- Die Einführung der „Eintrittswahrscheinlichkeit“ bietet die Möglichkeit, die Unsicherheit bezüglich der Wirkung von Maßnahmen mit potentiellem Charakter in beliebiger Höhe in die Berechnung des Wertschöpfungsbeitrages zu integrieren.
- Die prozessbezogene Wertschöpfung kann, bezogen auf jeden Kernprozess, unmittelbar abgelesen werden. Dadurch lassen sich schon erste Aussagen zu dem Wertschöpfungsbeitrag der jeweiligen Kernprozesse machen.

3.4 Fazit

Wird der Begriff der Wertschöpfung weiter gefasst und so verstanden, wie er in dieser Arbeit definiert ist,[95] ist eine Messung des Wertschöpfungsbeitrages möglich. Die Methode zur Messung sollte sich jedoch zwingend an den Kriterien aus 3.1 orientieren.

---

93 Siehe Punkt 5.2.4 und 5.3.3 Ergebnismatrix.

94 Siehe Abb. 9.

95 Siehe 2.2 Der Wertschöpfungsbegriff.

Des Weiteren ist die Wertschöpfungsmessung ein permanenter Prozess, welcher eine ständige Datenpflege, sowie einen fortlaufenden Soll/Ist-Abgleich erfordert. Der Schlüssel des Gelingens liegt in der Bewertung der strategie- und potentialbezogenen Wertschöpfung.

3.4.1 Transparenz

Transparenz spielt im Rahmen der Wertschöpfungsbetrachtung in dreifacher Hinsicht eine wichtige Rolle:

1. Durch Transparenz entsteht ein Kostenbewusstsein: Die tatsächlich verursachten Kosten können durch die Einführung des Revenue-Centers jedem Einzelprozess zugerechnet werden. Dies führt sowohl innerhalb der Abteilung, sowie auch bei deren Kunden zu einem Kostenbewusstsein (die Kunden müssen innerhalb der unternehmensinternen Kostenstellenrechnung nur für die Prozesse bezahlen, die sie von der Personalabteilung in Anspruch genommen haben, die Kosten werden dabei nicht pauschal abgerechnet, sondern setzten sich aus den tatsächlich angefallenen Kosten zusammen).[96]

2. Durch Transparenz bei der Messung der Wertschöpfung wird für die Mitarbeiter offensichtlich, welche Prozesse wertsteigernden und welche einen werterhaltenden Charakter haben. Ebenso wird deutlich, welche Prozesse keinen Einfluss auf die Wertschöpfung haben und welche sich negativ auf diese auswirken. Es entsteht ein Wertschöpfungsbewusstsein.[97]

3. Dadurch, dass die Kunden der Personalabteilung nur für die Dienstleistungen bezahlen müssen, die sie auch in Anspruch nehmen, wird für diese Stellen sichtbar, welche Dienstleistungen in der Personalabteilung

---

[96] Vgl. Wunderer 2002, S. 272 ff.

[97] Siehe 2.1 Wertschöpfungsbewusstsein.

erbracht werden. Die Relevanz der Personalabteilung innerhalb des Unternehmens wird damit unterstrichen.[98]

3.4.2 Die Thesen

Abschließend soll an dieser Stelle auf die eingangs aufgestellten Thesen eingegangen werden:

- Die Wertschöpfung einer administrativen Abteilung ist in aller Regel nicht greifbar und daher auch nicht offensichtlich. Bei näherer Betrachtung, ist jedoch festzustellen, dass auch administrative Abteilungen ihren Wertschöpfungsbeitrag leisten.[99]

- Der Wertschöpfungsbeitrag einer Personalabteilung setzt sich aus mehreren Bereichen zusammen.[100] Gerade die strategie- und die potentialbezogene Wertschöpfungsbetrachtung sind hier wichtig, helfen sie zum einen, die Unternehmensstrategien auf ihren wertschöpfenden Charakter hin zu beurteilen[101] und zum anderen schafft die Erfassung der potentialbezogenen Wertschöpfung ein „Wertschöpfungsbewusstsein".[102]

- Die Erfassung des Wertschöpfungsbeitrages führt zu Wettbewerbsvorteilen, da die Einführung des Revenue-Centers zu einem Kostenbewusstsein innerhalb der Abteilung, aber auch außerhalb, bei den unternehmensinternen Kunden, führt.[103] Die vorhandenen Strategien werden im Rahmen der Messung auf ihren wertschöpfenden Charakter hin geprüft, und durch die Suche nach Nutzenpotentialen entsteht ein „Wertschöpfungsbewusstsein".

---

98 Vgl. Hill 2003, S. 16-21.

99 Vgl. Wunderer/Arx 2002, S. 334.

100 Siehe 2.2 Der Wertschöpfungsbegriff.

101 Siehe 3.3.4 Prüfung der Existenzberechtigung einer Strategie.

102 Siehe Punkt 4.2.2 und Punkt 5.4.1.

103 Vgl. Wunderer 2002, S. 291.

3.4.3 Zielerreichung

Ausgehend von dem Punkt 1.1 dieser Arbeit ist das Ziel, welches durch die Implementierung der Wertschöpfungsmessung erreicht werden soll, Transparenz in den Bereich der Wertschöpfungsentstehung zu bringen, um auf diese Weise zum einen den Anteil der Personalabteilung am Erfolg des Unternehmens zu verdeutlichen und auf der anderen Seite die Grundlage für eine Steigerung der Wertschöpfung in diesem Bereich zu schaffen.

Es bleibt festzuhalten, dass mit der Einführung der Wertschöpfungsmessung im Personalbereich der interne Rechtfertigungsdruck[104] von der Personalabteilung genommen wird, da für die internen Kunden Leistungs- und Kostentransparenz durch die Einführung der Wertschöpfungsmessung gegeben ist.

Auch das Ziel die Wertschöpfung insgesamt durch eine Messung dieser zu steigern wird erreicht, da sich häufig allein durch die Transparenz im Bereich der Wertschöpfungsentstehung Kostensenkungspotentiale[105] erkennen lassen und ein Wertschöpfungsbewusstsein[106] in den Bereichen, die von der Implementierung der Wertschöpfungsmessung betroffen sind entsteht.

---

104 Siehe 1.1 Wertschöpfungsmessung warum.

105 Vgl. Porter 2000, S. 103.

106 Siehe 3.4.1 Transparenz.

4 Die Personalarbeit in der BayWa AG

Im weiteren Verlauf der Arbeit wird die unter Punkt 3 entwickelte Methode zur Messung der Personalleistung auf die Praxis bezogen und angewendet. Der Gegenstand der praktischen Untersuchung ist das Referat Haustechnik/Mineralöle innerhalb der Personalabteilung der BayWa AG. Soweit es für die Ermittlung der Wertschöpfung in diesem Referat relevant ist, werden auch andere administrative Stellen innerhalb der Personalabteilung in die Betrachtung mit einbezogen, ansonsten bleiben diese jedoch unberücksichtigt. Des Weiteren wird hier das Referat als Ganzes betrachtet, da es nicht sinnvoll ist, den Wertschöpfungsbeitrag des einzelnen Mitarbeiters innerhalb des Personalreferates zu betrachten, da die Arbeit zu einem beträchtlichen Teil im Team erledigt wird. Häufig wird durch Nachfragen eine zweite Meinung eingeholt oder durch das Vier-Augen-Prinzip die Arbeit eines Mitarbeiters durch einen zweiten kontrolliert. Soll die Wertschöpfung nicht auf das Referat, sondern auf den einzelnen Mitarbeiter bezogen werden, wäre es nötig die gesamte Kommunikation innerhalb des Referats zu erfassen und zu bewerten. Dies würde zum einen Probleme bei der Erhebung mit sich bringen und zum anderen gegen das Wirtschaftlichkeitsprinzip[107] verstoßen.

4.1 Rahmenbedingungen in der BayWa AG

Um einen Vergleich mit anderen Betrieben zu ermöglichen, werden die Rahmenbedingungen innerhalb der BayWa AG detailliert dargestellt, die Kernprozesse der Personalarbeit aufgezeigt und näher auf die unternehmensspezifische Besonderheit Voll- und Teilservice[108] eingegangen.

---

107 Siehe Punkt 3.1.1 Wirtschaftlichkeit.

108 Siehe 4.1.1Voll- und Teilservice.

4.1.1 Der Voll- und Teilservice

Bedingt durch die historische Entwicklung der BayWa AG im Bereich Haustechnik/Mineralöle (natürliches Wachstum) werden im Referat Haustechnik/Mineralöle zwei Servicevarianten angeboten, der Voll- und der Teilservice. Vollservice bedeutet, dass sämtliche Personalleistungen zentral von dem jeweiligen Referat wahrgenommen werden. Innerhalb des Teilservices, werden bestimmte Prozesse der Personalarbeit ausgelagert und von einem Personalsachbearbeiter (PSB) im Regionalen Verwaltungszentrum (RVZ) wahrgenommen. Dieser ist fachlich gesehen dem Personalreferenten in der Zentrale unterstellt, disziplinarrechtlich jedoch dem Leiter des jeweiligen RVZ. Unabhängig, ob die jeweiligen Niederlassungen den Voll- oder den Teilservice in Anspruch nehmen, besteht jeder Zeit die Möglichkeit, Informationen, fachlichen Rat oder Unterstützung durch das Referat einzuholen.

4.1.2 Aufbau der BayWa AG

Die BayWa AG ist ein Mischwarenkonzern, der sich in die Sparten Bau- und Gartenmärkte; Agrar; Technik; Baustoffe; Haustechnik und Mineralöle gliedert. Die BayWa AG beschäftigt zur Zeit ca. 12.300 Mitarbeiter.

Die Personalabteilung der BayWa AG

Die Personalabteilung der BayWa AG ist unter dem Vorstand angesiedelt und gliedert sich in folgende Abteilungen: Arbeitsrecht, Controlling, Personalentwicklung und eine Unterstützungseinheit, sowie in die Referate Bau-/Gartenmärkte, Technik, Agrar, Verwaltung, Baustoffe und Haustechnik/Mineralöle. In der Personalabteilung selbst sind circa 55 Mitarbeiter beschäftigt.

Das Referat Haustechnik/Mineralöle

Das Referat Haustechnik/Mineralöle eignet sich für die weitere Betrachtung, da hier sowohl der Vollservice (Sparte Haustechnik), wie auch der Teilservice (Sparte Mineralöle) angeboten werden. Innerhalb der Sparte Haustechnik stellt die Niederlassung Hammelburg einen Sonderfall dar, da dort Teile der

Personalarbeit in Eigenregie erledigt werden. Daher erstellt das Referat Haustechnik/Mineralöle für die Niederlassung Hammelburg den Teilservice und für den Rest der Sparte den Vollservice. In der Sparte Haustechnik sind aktuell 410 Mitarbeiter beschäftigt, von diesen sind 148 Personen in Hammelburg angestellt, sodass für 148 Mitarbeiter Teilservice angeboten wird und für 262 Mitarbeiter wird der Vollservice angeboten. In der Sparte Mineralöle sind aktuell 666 Mitarbeiter beschäftigt, wovon 621 durch das Referat im Teilservice betreut werden und 45 im Vollservice (hierbei handelt es sich um die Mitarbeiter der Sparte Mineralöle, die in der Zentrale der BayWa AG arbeiten). Insgesamt wird also im Personalreferat Haustechnik/Mineralöle für 769 Mitarbeiter der Teil- und für 307 Mitarbeiter der Vollservice erstellt.

Das Referat Haustechnik/Mineralöle gliedert sich in einen Referenten, sowie zwei vollzeitbeschäftigte Personalsachbearbeiter und eine Halbtagskraft. Der Referent trägt dabei die Verantwortung für die Personalleistung in seinem Bereich, steht den Geschäftsführen auf Antrag als Berater in fachspezifischen Fragen zur Seite und nimmt Sonderaufgaben (Arbeitsgerichtstermine, Abfindungsverhandlungen usw.) wahr. Ein Personalsachbearbeiter aus dem Referat ist mit der Personalarbeit der Sparte Mineralöle betraut und eine Ganztages-, sowie eine Halbtagskraft sind mit der Betreuung der Sparte Haustechnik betraut.

4.1.3 Abgrenzung der Wertschöpfungsbetrachtung

Die Wertschöpfungsbetrachtung innerhalb der BayWa AG bezieht sich ausschließlich auf das Referat Haustechnik/Mineralöle und die Dienstleistungen, welche durch das Referat erbracht werden. Wertschöpfungsbeiträge, die in Folge einer Dienstleistung entstehen (beispielsweise der Mehrwert, den ein neu eingestellter Mitarbeiter dem Unternehmen bringt), sind nicht Gegenstand der Betrachtung. Dementsprechend sind die verschiedenen Arten der Wertschöpfung für die Betrachtung des Wertschöpfungsbeitrages des Referates wie folgt definiert:

Die betriebswirtschaftliche Wertschöpfung

Grundlage für die Ermittlung der betriebswirtschaftlichen Wertschöpfung ist die Einführung des Revenue-Centers, womit die Prozesseinzelkosten ermittelt werden können. Die betriebswirtschaftliche Wertschöpfung ergibt sich also aus der Summe der Einnahmen des Referats abzüglich der Kosten, die durch die Einzelprozesse, sowie durch die Inanspruchnahme von Dienstleistungen anderer Abteilungen (z. B. Rechtsabteilung) verursacht werden.

Die dienstleistungsbezogene Wertschöpfung

Die dienstleistungsbezogene Wertschöpfung ist in diesem Fall die Gesamteinschätzung des Nutzens der kommerziellen Leistung, die von dem Referat erbracht werden, durch den Kunden auf der Basis der Wahrnehmung dessen, was der Kunde erhält und was er gibt.

Die qualitätsbezogene Wertschöpfung

Die qualitätsbezogene Wertschöpfung wird hier bezogen auf die Qualität der Personalleistung des Referats. Sie ist in den Bereichen relevant, in welchen sie Einfluss auf das Prozessergebnis hat oder hilft, den Nutzen für den Kunden zu erhöhen.

Die strategiebezogene Wertschöpfung

Die strategiebezogene Wertschöpfung ist innerhalb des Referats dort von Bedeutung, wo Unternehmensstrategien die Handlungsfreiheit des Referats einschränken bzw. zwingen, entgegen dem ökonomischen Prinzip zu handeln.

Die potentialbezogene Wertschöpfung

Im Rahmen der potentialbezogenen Wertschöpfung werden hier nur interne Nutzenpotentiale des Referats nach der Definition von Pümpin[109] zur Betrachtung herangezogen.

---

[109] Siehe 3.2.2 Nutzenpotential nach Pümpin.

4.2 Wertschöpfungsmessung in der BayWa AG warum?

Folgend werden die Ziele aufgeführt, die mittels der Wertschöpfungsmessung erreicht werden sollen. Weiter werden Thesen bezüglich der Wirkung der Wertschöpfungsbetrachtung aufgestellt, die im weiteren Verlauf der Arbeit geprüft werden. Außerdem wird die Vorgehensweise innerhalb des Praxisanteils dargestellt.

4.2.1 Ziel der Wertschöpfungsmessung

Das Ziel der Wertschöpfungsmessung ist die Steigerung der Wertschöpfung. Gleichzeitig unterstreicht sie auch die Relevanz der Personalleistung für das Unternehmen und ist Grundlage, um Wettbewerbsvorteile gegenüber der Konkurrenz realisieren zu können. Dieses Ziel setzt sich aus folgenden Teilzielen zusammen:

- Transparenz im Wertschöpfungsprozess: Es soll ein Wertschöpfungsbewusstsein der Mitarbeiter in der Personalabteilung geschaffen werden, indem für alle Beteiligten sichtbar wird, welche Prozesse in welchem Maße wertsteigernde, werterhaltende oder wertmindernde Wirkung haben.
- Kostenbewusstsein: Bei den internen Kunden der Personalabteilung soll ein Kostenbewusstsein entstehen, indem die tatsächlichen Kosten pro Arbeitsprozess für sie transparent sind (Kosten und Leistungstransparenz) und ihre Kostenstelle mit diesen Kosten belastet wird.
- Implementierung des Dienstleistungsgedankens: Der Dienstleistungsgedanke soll noch stärker in die Personalarbeit integriert werden, indem der Nutzen der Personalleistung für den Kunden maximiert und die Qualität der Dienstleistung optimiert werden.
- Wettbewerbsbewusstsein: Die Personalabteilung soll mit anderen externen Anbietern verglichen werden können, um auf diese Weise ein

Wettbewerbsbewusstsein zu schaffen und den Mitarbeitern des Referates auf der einen, sowie dem Vorstand und der Personalführung auf der anderen Seite eine Orientierung an der Konkurrenz zu ermöglichen.

- Steuerungs- und Kontrollinstrument: Die Messung der strategiebezogenen Wertschöpfung soll helfen, die Umsetzung der Strategien im Bereich des Referats zu steuern und zu überwachen.

4.2.2 Die Thesen

Die folgenden Thesen sind im weiteren Verlauf dieser Arbeit auf ihre Richtigkeit hin zu überprüfen. Sie beschreiben die positiven Auswirkungen der Messung der Personalleistung und dienen gleichzeitig als Zielgrößen für den ganzheitlichen Ansatz (Was soll mit dem ganzheitlichen Ansatz erreicht werden?).

- Die Implementierung der Wertschöpfungsmessung führt zu einem Wertschöpfungsbewusstsein der Mitarbeiter des Personalreferates und trägt dadurch zur Steigerung der Wertschöpfung bei.

- Die Kosten der Personalarbeit werden den Kunden verursachungsgerecht zugeordnet, dies führt zu einem Kostenbewusstsein bei den Kunden und damit zu einer bewussten Inanspruchnahme der Personalleistung.

- Durch die Einführung des Revenue-Centers wird die Personalabteilung mit anderen externen Anbietern von Personalleistungen vergleichbar. Um wettbewerbsfähig zu bleiben, erhöhen sich die Kundenorientierung und der Dienstleistungsgedanke innerhalb des Referates, dadurch steigert sich der Nutzen für den Kunden.

4.2.3 Die Vorgehensweise

Grundlage für die Bestimmung des Wertschöpfungsbeitrages ist eine Arbeitszeitanalyse[110] (welcher Prozess nimmt wie viel Zeit in Anspruch?), sowie eine Untersuchung, welche Dienstleistungen von dem Referat erbracht werden und welche Dienstleistungen das Referat von anderen Abteilungen nachfragt, um so eine Prozesskostenanalyse[111] (welcher Prozess kostet wie viel?) erstellen zu können. Da das Ziel dieser Arbeit die Entwicklung einer Methode zur Messung der Personalleistung und nicht die Implementierung in die Praxis ist, sind die zuvor angesprochenen Punkte nicht Gegenstand dieser Arbeit. Des Weiteren bedarf es einer Analyse der Kernprozesse[112] des Referates nach den vier Merkmalen werterhaltend, wertsteigernd, potentiell werterhaltend und potentiell wertsteigernd.[113] Aufbauend auf diese Analyse können die Kernprozesse weiter in quantifizierbare Bereiche, also in Bereiche in denen die betriebswirtschaftliche, die dienstleistungs- sowie die qualitätsbezogene Wertschöpfung anfällt und in schwer quantifizierbare Bereiche, also Bereiche, in denen vornehmlich strategie- und potentialbezogene Wertschöpfung anfällt, unterteilt werden. Anschließend erfolgt die Messung der quantifizierbaren Wertschöpfungsbereiche, sowie die Erkennung und Bewertung der schwer quantifizierbaren Bereiche der Wertschöpfung wie sie unter 3.3.4 dargestellt sind. Abschließend werden die Ergebnisse in einer Matrixform[114] dargestellt.

---

110 Vgl. Wunderer/Arx 2002, S. 272 ff.

111 Vgl. Wunderer/Arx 2002, S. 272 ff; Remer 1997, S. 34 ff.

112 Vgl. Porter 2000, S 103.

113 Siehe 3.3.3 Differenzierung der Prozesse.

114 Siehe Abb. 6, Abb. 8, Abb. 9.

5 Messung der Personalleistung in der BayWa AG

Im weiteren Verlauf wird der unter Punkt 3.3 entwickelte, ganzheitliche Ansatz auf die BayWa AG angewendet. Da sich diese Arbeit nur mit der theoretischen Anwendbarkeit beschäftigt und die Implementierung nicht mehr Bestandteil dieser Arbeit ist, kann vor allem im Bereich der strategie- und der potentialbezogenen Wertschöpfungsmessung nur der Weg aufgezeigt, nicht aber das tatsächliche Ergebnis dargestellt werden.

5.1 Analyse der Prozesse

Die Prozesse des Personalreferates können nicht eindeutig nach den Kriterien werterhaltend, wertsteigernd, potentiell werterhaltend und potentiell wertsteigernd abgegrenzt werden. Häufig treffen mehrere Kriterien auf einen Prozess zu, die folgende Analyse gibt eine Übersicht, welche Prozesse innerhalb des Referats Haustechnik/Mineralöle welchen Kriterien zugeordnet werden können.

5.1.1 Werterhaltende Prozesse

Die Prozesse, welche einen rein administrativen Charakter besitzen, sind grundsätzlich werterhaltender Art, da sie wesentliche Voraussetzung für den reibungslosen Standardablauf innerhalb des Unternehmens sind. Zu den administrativen Prozessen zählen in diesem Fall insbesondere die Bereiche Mitarbeiter-Administration/-Betreuung, Entgeltabrechnung, sowie die Zeitwirtschaft.

5.1.2 Wertsteigernde Prozesse

Eine Wertsteigerung kann innerhalb eines Prozesses auf zwei unterschiedliche Arten erfolgen, zum einen durch Differenzierung in Verbindung mit Kundenorientierung, sodass der Nutzen für den Kunden gesteigert wird und zum anderen durch Prozessoptimierung (Synergieeffekte; Verbesserung in der

Ablauforganisation usw.), die zu Kosten- bzw. Ressourceneinsparung führt. Als Prozesse mit grundsätzlichem Wertsteigerungspotential kommen also alle Prozesse in Frage, bei denen betriebswirtschaftliche, dienstleistungs- und qualtitätsbezogene Wertschöpfung anfällt. Im Bereich des Personalreferates ist dies bei sämtlichen Prozessen der Fall.

5.1.3 Potentiell werterhaltende/wertsteigernde Prozesse

Häufig führt eine Differenzierung der Personalleistung oder eine Prozessoptimierung nicht unmittelbar zu einer Kostensenkung oder zu einem erhöhten Nutzen, sondern tritt zeitliche versetzt ein. In diesem Fall gilt es, die mutmaßliche zukünftige Wirkung abzuschätzen. In einem ersten Schritt muss dazu der grundsätzliche Charakter der Maßnahme (werterhaltend oder wertsteigernd) beurteilt werden. Handelt es sich um eine potentiell wertsteigernde Maßnahme muss in einem weiteren Schritt die Höhe der mutmaßlichen Wertsteigerung bewertet werden.

5.1.4 Differenzierung in quantifizierbare und schwer quantifizierbare Bereiche

Die Differenzierung in quantifizierbare und schwer quantifizierbare Bereiche ergibt sich zum einen aus der Art der Wertschöpfung, die innerhalb des jeweiligen Prozesses anfällt (betriebswirtschaftliche, dienstleistungs- und qualitätsbezogene Wertschöpfung sind leicht quantifizierbar zu machen, strategie- und potentialbezogene Wertschöpfung sind nur schwer quantifizierbar zu machen) und zum anderen aus den Kriterien werterhaltend, wertsteigernd und potentiell werterhaltend/ wertsteigernd, die jedem Prozess zugeordnet werden können.

5.2 Messung der quantifizierbaren Bereiche

Die Messung der quantifizierbaren Bereiche kann im Fall der BayWa AG aus dem bereits vorhandenen internen Verrechnungssystem entwickelt werden.

Die Messung der quantifizierbaren Bereiche bildet die Grundlage bei der Bestimmung des Wertschöpfungsbeitrages des Referates.

5.2.1 Die betriebswirtschaftliche Wertschöpfung

Die betriebswirtschaftliche Wertschöpfung lässt sich durch die Einführung des Revenue-Centers[115] messen. Das Ergebnis dieser Messung besteht aus einem rein monetären Wert, welcher sich aus den Einnahmen des Referates für die Erstellung einer Dienstleistung abzüglich der Kosten, welche die Erstellung der Dienstleistung innerhalb des Referates verursacht, ergibt.

5.2.2 Die dienstleistungsbezogene Wertschöpfung

Die Einführung des Revenue-Centers hat zur Folge, dass die Rechnungsstellen der internen Kunden des Personalreferates nicht mit einer Kostenpauschale belastet werden, sondern genau mit den Kosten, die durch die von ihnen in Anspruch genommenen Leistungen entstanden sind. Für die Kunden entsteht dadurch Kosten- und Leistungstransparenz[116] und die dienstleistungsbezogene Wertschöpfung kann gemessen werden. Messen lässt sich die dienstleistungsbezogene Wertschöpfung mittels Kundenzufriedenheitsanalysen oder durch Kundenbefragungen.

5.2.3 Die qualitätsbezogene Wertschöpfung

Die qualitätsbezogene Wertschöpfung ist im Rahmen der Personalarbeit immer dann von Bedeutung, wenn sie Einfluss auf das Prozessergebnis besitzt oder dazu beiträgt den Kundennutzen zu erhöhen. Hier kommt der qualitätsbezogenen Wertschöpfung vor allem in den Kernprozessen Bewerbungen, Mitarbeiteradministration, Beendigung des Arbeitsverhältnisses und in der Personalkostenplanung/Vorschaurechnung eine große Bedeutung zu. Es bestehen vielfältige und unterschiedliche Möglichkeiten, wie sich die qualitäts-

---

115 Siehe Punkt 3.2.1 Kostenrechnung.

116 Siehe Punkt 3.1.4 Transparenz.

bezogene Wertschöpfung ermitteln lässt.[117] Die folgenden Möglichkeiten geben einen Überblick, erheben jedoch keinen Anspruch auf Vollständigkeit:

Kernprozess Bewerbungen

- Anzahl der eingegangenen Bewerbungen auf eine ausgeschriebene Stelle.
- Anzahl der Blindbewerbungen.
- Befragung der internen Kunden in welchem Maß der ausgewählte Bewerber die gestellten Anforderungen erfüllt.

Kernprozess Mitarbeiteradministration

- Durchschnittliche Bearbeitungsdauer von Kundenanfragen.
- Anzahl der Reklamationen und Beschwerden durch Kunden.

Kernprozess Beendigung des Arbeitsverhältnisses

- Durchschnittliche Höhe der Abfindung im Verhältnis zur Dauer des Arbeitsverhältnisses und letzter Bruttolohn.
- Anzahl der Kündigungen ohne oder mit gewonnenem Rechtsstreit vor dem Arbeitsgericht.

Kernprozess Personalkostenplanung/Vorschaurechnung

- Abweichung beim Plan/Ist Vergleich.
- Aussagekraft der erhobenen Kennzahlen.

Neben den hier aufgeführten Möglichkeiten zur Messung der dienstleistungs- und qualitätsbezogenen Wertschöpfung besteht die Möglichkeit, bestimmte Dienstleistungen der Personalabteilung einem freien Wettbewerb auszusetzen.[118] Danach können die internen Kunden des Referates selbst entscheiden, ob sie eine Dienstleistung von dem Referat oder von einem frei wählbaren

---

117 Vgl. Bruhn 2004.

118 Vgl. Ambros, S. 2002, S. 14-17, Dickson/Maiwald 2003, S. 28-31.

externen Anbieter in Anspruch nehmen. Die Kunden können nach der Freigabe der Dienstleistung aber auch ganz auf diese verzichten oder sie selbst erstellen. Wenn trotz dieser Freigabe die Dienstleistung weiterhin von dem Referat für die Masse der Kunden erstellt wird, spricht dies für die Qualität und den Nutzen, den die Kunden durch die Dienstleistung erhalten.

5.2.4 Die Ergebnismatrix

Die Ergebnismatrix stellt die Ergebnisse aus der betriebswirtschaftlichen, dienstleistungs- und qualitätsbezogenen Wertschöpfungsbetrachtung in übersichtlicher Form dar und eignet sich daher zum Selbstcontrolling innerhalb des Referates, sowie als Planungs- und Steuerungsinstrument für die Personalleitung und den Vorstand.

	Bewerbungen	Einstellungen u. Versetzungen	Mitarbeiter-administration	Entgeltabrechnung	Beendigung Arbeitsverhältnis	Personalkosten-planung	Sonderaufgaben	Summe
Betriebswirtschaftl. Wertschöpfung								
Dienstleistungsbez. Wertschöpfung								
Qualitätsbezogene Wertschöpfung								
Prozessbezogene Wertschöpfung								

Abbildung 6: Ergebnismatrix der leicht quantifizierbaren Wertschöpfungsbereiche

Dabei wird die betriebswirtschaftliche Wertschöpfung monetär ausgedrückt. Um die dienstleistungs- und die qualitätsbezogene Wertschöpfung in den einzelnen Kernprozessen darzustellen, eignet sich die Skala, die im Punkt 3.3.4 vorgestellt wurde. Die prozessbezogene Wertschöpfung ergibt sich aus der Summe der betriebswirtschaftlichen, der dienstleistungs-, sowie der qualitätsbezogenen Wertschöpfung. Dementsprechend ist die Darstellung der prozessbezogenen Wertschöpfung zweigeteilt, zum einen in einen monetären Wert (aus der betriebswirtschaftlichen Wertschöpfung) und zum anderen in einen Skalenwert (aus der dienstleistungs- und qualitätsbezogenen Wertschöpfung).

5.3 Erkennen und Bewerten der schwer quantifizierbaren Bereiche

Außer den leicht quantifizierbaren Bereichen, die zuvor angesprochen wurden, kommt innerhalb der Methode zur Messung der Personalleistung den nur sehr schwer quantifizierbar zu machenden Bereichen eine große Bedeutung zu. Um Aussagen in diesen Bereichen möglich zu machen, wird schrittweise vorgegangen. Im ersten Schritt gilt es die Bereiche, in denen strategie- bzw. potentialbezogene Wertschöpfung stattfindet, zu erkennen und zu definieren und im zweiten Schritt müssen diese definierten Bereiche, wie im Punkt 3.3.4 beschrieben bewertet werden.

5.3.1 Erkennen und Bewerten der strategiebezogenen Wertschöpfung

Sämtliche Unternehmensstrategien, die Auswirkungen auf die Personalarbeit im Referat Haustechnik/Mineralöle haben, müssen auf ihre Existenzberechtigung hin geprüft werden.[119] Anschließend sind aus allen Unternehmensstrategien, deren Existenzberechtigung unangefochten ist, Unterziele[120] für das

---

119 Siehe Punkt 3.3.4.

120 Vgl. Simon/March 1958, S.150 ff.

Personalreferat zu entwickeln. Beides, sowohl die Überprüfung der Unternehmensstrategien, wie auch die Entwicklung der Unterziele, müssen zentral koordiniert und gemeinsam von Vorstand und Personalleitung durchgeführt werden. Aus diesem Grund können im Folgenden nur Beispiele gegeben werden, wie Strategien in konkrete Ziele umzusetzen und zu bewerten sind:[121]

	Ziele	**Indikatoren zur Messung**	**Operationalisierung der Ziele**
Personal-marketing	Gutes Image und hoher Bekanntheitsgrad als Arbeitsgeber	Ranking in der Imagestudie	Platz in den Top 30 der beliebtesten Unternehmen für Hochschulabsolventen
Personal-gewinnung	Professionelle Personalgewinnung	Annahmequote	Annahme von Angeboten an qualifizierte Hochschulabsolventen von min. 50%
Personal-einsatz	Optimale Unterstützung der Mitarbeiter, Individualisierung und Flexibilisierung der Arbeitsbedingungen	Mitarbeiterproduktivität, Absenzquote, Fluktuationsquote, Zufriedenheit mit dem Personaleinsatz aus Mitarbeiterumfrage	Steigerung der Mitarbeiterproduktivität, Absenzquote unter 5%, Fluktuationsquote auf 5%, Zufriedenheit mit den Arbeitszeitbedingungen
Personal-honorierung	Markt- und leistungsorientiertes Vergütungsmodell	Gehaltsniveau, Zufriedenheit der Mitarbeiter mit der Vergütung aus Mitarbeiterumfrage	Gehaltsniveau im Vergleich zum Branchendurchschnitt überdurchschnittlich
Personal-administration	Senkung der Personaladministrationskosten	Kosten pro Mitarbeiter	Senkung der durchschnittlichen Kosten pro Mitarbeiter um 10%
Personalorganisation	Optimale Kompetenzabgrenzung und Zusammenarbeit mit den Trägern der Personalarbeit	Zufriedenheit mit der internen Zusammenarbeit aus Mitarbeiterumfrage	Reduktion der offen ausgetragenen Konflikte um 20%, Zufriedenheitsindex mit der Zusammenarbeit mind. 80%

Abbildung 7:Ziele, ihre Operationalisierung und ihre Messung im Personalbereich

Quelle: Wunderer/Jaritz 1999, S. 231.

121 Vgl. Wunderer/Jaritz 1999, S. 230.

5.3.2 Erkennen und Bewerten der Nutzenpotentiale

Nutzenpotentiale innerhalb des Humanpotentials gehören zukünftig zu den erfolgsträchtigsten Quellen für Strategien, mit denen sich Wettbewerbsvorteile gegenüber der Konkurrenz realisieren lassen.[122] Als Grundlage für eine nutzenpotentialorientierte Betrachtung des Referates können die Nutzenpotentiale aus Abb. 4 dienen. Da alle Nutzenpotentiale einer gewissen Halbwertszeit unterliegen[123] und Wettbewerbsvorteile gegenüber der Konkurrenz nur realisiert werden können, indem Nutzenpotentiale frühzeitig erkannt und auch konsequent realisiert werden, muss es eine ständige Bestrebung sein, neue Nutzenpotentiale zu finden. Erreicht werden kann dies, indem einerseits innerhalb des Unternehmens gegenüber den Mitarbeitern kommuniziert wird, was Nutzenpotentiale sind, so dass sich aus ihnen Wettbewerbsvorteile generieren lassen und andererseits, indem durch die Unternehmensführung Strukturen geschaffen werden, die Innovationen zulassen und fördern. Die Bewertung der erkannten Nutzenpotentiale gestaltet sich aus vielfältigen Gründen als schwierig:

- Häufig kann der Anteil eines Potentials am Ergebnis nicht eindeutig objektiv bestimmt werden.
- Die Ergebniswirksamkeit eines Potentials lässt sich nur prognostizieren und nicht berechnen, außerdem ist die Ergebniswirksamkeit oft von nicht durch das Unternehmen beeinflussbarer Variablen abhängig.
- Die Bewertung der Nutzenpotentiale unterliegt dem subjektiven Element des Bewertenden.

Durch die zweifache Bewertung der Potentiale[124] (potentialorientierte Ergebnisbewertung und ergebnisorientierte Potentialbewertung), sowie der Transparenz des subjektiven Elements innerhalb der Ergebnisdokumentation lassen

---

122 Vgl. Pümpin 1992, S. 33.

123 Vgl. Pümpin 1992, S. 26.

124 Siehe Abb. 4: Zwei Perspektiven der Wertschöpfungsmessung.

sich die oben angeführten Probleme minimieren. Für die potentialorientierte Ergebnisbewertung sind in diesem Fall als Ausgangsergebnis die Resultate der betriebswirtschaftlichen, dienstleistungs- und qualitätsbezogenen Wertschöpfungsbetrachtung heranzuziehen.

5.3.3 Die Ergebnismatrix

Die strategiebezogene Wertschöpfung auf der einen Seite und die potentialbezogene Wertschöpfung auf der anderen können nur auf Kosten der Übersichtlichkeit in eine gemeinsame Matrix gebracht werden. Da die Matrix als Steuerungs- und Kontrollinstrument dienen soll, ist die Übersichtlichkeit ein wesentlicher Bestandteil der Matrix, daher wird die Matrix zweigeteilt.

Die Ergebnismatrix der strategiebezogenen Wertschöpfung

Strategie	Personal-wirtschaftliche Unterziele	Indikatoren zur Messung	Operationalisierung der Ziele	Potentieller Nutzen	Eintritts-wahrschein-lichkeit

Abbildung 8: Ergebnismatrix der strategiebezogenen Wertschöpfung

Diese Ergebnismatrix basiert auf der Matrix aus Punkt 5.3.1, erweitert um den potentiellen Nutzen der durch die jeweilige Strategie erreicht wird und um die Eintrittswahrscheinlichkeit. Der potentielle Nutzen lässt sich ebenso wie die dienstleistungsbezogene Wertschöpfung mittels eines Skalenwertes[125] ausdrücken. Da die Messung der Wertschöpfung in den schwer quantifizierbaren

[125] Siehe 3.3.4 Messung der Wertschöpfung.

Bereichen erfahrungsabhängig ist, kann mittels der Eintrittswahrscheinlichkeit der potentielle Nutzen der Strategie in der Anfangsphase der Messung vorsichtig in die Gesamtmessung integriert werden.

Die Ergebnismatrix der potentialbezogenen Wertschöpfung

Prozesse und ihre Wertschöpfung	Nutzenpotentiale	Humanpotential	Know-How-Potential	Kostensenkungspotential	Organisatorisches Potential	Synergiepotential	Imagepotential	Kooperationspotential
Bewerbungen	Betriebswirtschaftliche Wertschöpfung							
	Dienstleistungsbezogene Wertschöpfung							
	Qualitätsbezogene Wertschöpfung							
Einstellungen u. Versetzungen	Betriebswirtschaftliche Wertschöpfung							
	Dienstleistungsbezogene Wertschöpfung							
	Qualitätsbezogene Wertschöpfung							
Mitarbeiter-Administration	Betriebswirtschaftliche Wertschöpfung							
	Dienstleistungsbezogene Wertschöpfung							
	Qualitätsbezogene Wertschöpfung							
Entgeltabrechnung	Betriebswirtschaftliche Wertschöpfung							
	Dienstleistungsbezogene Wertschöpfung							
	Qualitätsbezogene Wertschöpfung							
Beendigung Arbeitsverhältnis	Betriebswirtschaftliche Wertschöpfung							
	Dienstleistungsbezogene Wertschöpfung							
	Qualitätsbezogene Wertschöpfung							
Personalkostenplanung	Betriebswirtschaftliche Wertschöpfung							
	Dienstleistungsbezogene Wertschöpfung							
	Qualitätsbezogene Wertschöpfung							
Sonder-aufgaben	Betriebswirtschaftliche Wertschöpfung							
	Dienstleistungsbezogene Wertschöpfung							
	Qualitätsbezogene Wertschöpfung							

Abbildung 9: Ergebnismatrix der potentialbezogenen Wertschöpfung

Grundlage dieser Matrix ist die Ergebnismatrix aus Punkt 5.2.4, erweitert um die erkannten Nutzenpotentiale des Referates. Um die in Punkt 5.3.2 angesprochene zweifache Betrachtungsweise durchzuführen, ist es notwendig, diese Matrix doppelt zu bearbeiten. Einmal aus Sicht der Kernprozesse, d. h. das tatsächliche Ergebnis wird in einer nachträglichen Betrachtung auf die erkannten Nutzenpotentiale aufgeteilt und so der Anteil dieser am Gesamtergebnis ermittelt. Im nächsten Schritt muss die Matrix dann in einer vorausschauenden Weise bearbeitet werden, d. h. es muss von den einzelnen Nutzenpotentialen ausgegangen werden, um dann deren zukünftige Ergebniswirksamkeit abzuschätzen.

5.4 Fazit

Trotz der Mess- und Zurechnungsproblematik innerhalb des Referats ist es möglich, den Wertschöpfungsbeitrag recht umfassend, differenziert, qualitativ und quantitativ zu erheben und somit den Wertschöpfungsbeitrag des Personalreferates aufzuzeigen. Dabei kommt besonders der Messung der Kundenzufriedenheit und der Qualitätsmessung, aber auch der Quantifizierung der strategie- und potentialbezogenen Wertschöpfung eine besondere Bedeutung zu. Für den praktischen Einsatz der Wertschöpfungsmessung ist es wichtig, dass die Methode zur Messung der Wertschöpfung umfassend im Unternehmen verankert ist. Die Spitzenkennzahlen sind in der Regel abstrakte und aggregierte Größen. Dies macht es notwendig, die wertorientierten Spitzenkennzahlen in einem gezielten Ableitungsprozess herunterzubrechen und in Größen des operativen Geschäfts zu übersetzen. Hierbei kommt es zum einen auf die Beachtung logischer und rechnerischer Zusammenhänge und Abhängigkeiten und zum anderen auf ein hinreichendes Maß an Praktikabilität wie Datenverfügbarkeit an.[126]

---

126 Vgl. Controller Verein eV 2001, S. 20.

Bestehen bleiben dagegen die Grenzen bei der Ermittlung von aussagefähigen Indikatoren, das Zurechnungsproblem, der Einbezug von Umfeldvariablen, sowie die Orientierung auf ausgewählte Bezugsgruppenansprüche.

5.4.1 Zielerreichung

Das Ziel, den Wertschöpfungsbeitrag des Referats aufzuzeigen, um dadurch die Grundlage für eine Steigerung der Wertschöpfung in diesem Bereich zu schaffen, ist eng verbunden mit den unter Punkt 4.2.2 aufgestellten Thesen. Bewahrheiten sich diese Thesen, ist die Basis für die Erreichung der Ziele aus dem Punkt 4.2.1, die Einführung einer Methode zur Messung der Personalleistung. Im Folgenden werden die aufgestellten Thesen diskutiert:

- Mit der Implementierung der Wertschöpfungsmessung innerhalb des Referates entsteht ein Wertschöpfungsbewusstsein,[127] da auf der einen Seite der Beitrag jedes Prozesses zur Wertschöpfung für die Mitarbeiter transparent wird und auf der anderen Seite die Wertschöpfungsmessung als Möglichkeit erkannt wird, um gegenüber der Konkurrenz Wettbewerbsvorteile zu generieren und so einen Beitrag zum wirtschaftlichen Erfolg des Unternehmens zu leisten.
- Es entsteht ein Kostenbewusstsein, sowohl bei den Kunden des Referates, da diese nicht weiter mit einer Pauschale belastet werden, sondern mit den Kosten, welche sie verursachen; wie auch bei den Mitarbeitern des Referates, da sie bestrebt sind, das Verhältnis „Kosten“ zu „Nutzen für den Kunden“ optimal zu gestalten, um bei Vergleichen mit anderen Anbietern von Personalleistung ein gutes Ergebnis zu erzielen.
- Die Steigerung des Kundennutzens resultiert zum einen aus dem entstandenen Kostenbewusstsein, zum anderen aus der Vergleichbarkeit der internen Anbieter von Personalleistungen untereinander (die Kosten

[127] Vgl. Wunderer/Arx 2002, S. 333-336.

und Leistungen mehrerer Referate können verglichen werden) und der Vergleichbarkeit der internen Anbieter von Personalleistungen mit externen Anbietern.[128] Diese Vergleichbarkeit wird durch die Einführung des Revenue-Centers möglich. Um in diesen Vergleichen wettbewerbsfähig zu bleiben, ist es notwendig, permanent nach Potentialen zu suchen, durch welche entweder der Nutzen für den Kunden gesteigert wird oder sich die Kosten reduzieren lassen, d. h. die Kundenorientierung, der Dienstleistungsgedanke, sowie das Kostenbewusstsein gewinnen an Gewicht.

Die Messung des Wertschöpfungsbeitrages bildet daher die Grundlage, um die Wertschöpfung des Referates zu steigern und so mehr als bisher zum Unternehmenserfolg beizutragen.[129]

5.4.2 Möglichkeiten und Grenzen

Eine Einführung der Wertschöpfungsmessung im Referat Haustechnik/ Mineralöle könnte im Rahmen eines Projektes stattfinden, um auf diese Weise am praktischen Beispiel Erfahrung zu sammeln, sowie Vor- und Nachteile auszuloten. Dabei ist das Bewusstsein wichtig, dass die Mitarbeiter eine gewisse Übergangszeit benötigen, um sich von dem Denken in alten Strukturen loszulösen. Der Aufbau der Kundenorientierung und das Denken in Preisen, kosten- und werttreibenden Aktivitäten können nicht von heute auf morgen diktiert werden.[130]

Bei der Umsetzung ist zu beachten, dass nicht einfach ein weiteres Kontrollsystem eingeführt wird, sondern die Mitarbeiter als wesentlicher Bestandteil in das System integriert werden und der Sinn und Zweck allen Betroffenen kommuniziert wird.

---

[128] Vgl. Knyphausen/Meck 2004, S. 40-43.

[129] Vgl. Wunderer/Arx 2002, S. 333.

[130] Vgl. Arx/Wey-DaSilva 2004, S. 24.

Grenzen bestehen weiterhin im Bereich der strategie- und potentialbezogenen Wertschöpfung, da zum einen nur solche Strategien bewertet werden können, für die sich auch geeignete Indikatoren finden lassen und zum anderen, da nicht jedem Potential die unmittelbare Auswirkung auf das Ergebnis eindeutig zugerechnet werden kann. Außerdem kann auch in Unternehmen, die schon seit einiger Zeit ein System zur Messung des Wertschöpfungsbeitrages implementiert haben, dieses noch nicht als ausgereift bezeichnet werden.[131] Es gibt also, wenn überhaupt, nur wenige Beispiele, an denen sich die BayWa AG orientieren kann. Die Implementierung einer Methode zur Messung der Wertschöpfung kann daher nur schrittweise erfolgen und der Umgang mit dieser muss ebenfalls in Schritten erlernt werden. Dies hat zur Folge, dass sich die positiven Effekte nicht von heute auf morgen einstellen werden, sondern sich im gleichen Maße, wie die Implementierung entwickeln.

[131] Vgl. Gertz 2004, S. 51.

6 Zusammenfassung

Die Veränderung der wirtschaftlichen Rahmenbedingungen geht auf die zunehmende Globalisierung und die damit verbundene Verschärfung des Wettbewerbs zurück. Immer deutlicher ist zu erkennen, dass diese Veränderungen sich auch auf administrative Bereiche, also unter anderem auf die Personalabteilung und die Personalleistung auswirken. Die Anforderung, die in diesem Zusammenhang an die Personalarbeit gestellt wird, ist durch Reorganisation des Personalbereichs eine schlankere, schnellere, effizientere und kostengünstigere Erstellung der Personalleitung zu erreichen.[132] Der Trend zur schlanken Organisation, sowie zu kosten- und qualitätsorientierten Strategien hat unter anderem zur Folge, dass auch interne Support- und Querschnittsfunktionen vermehrt an ihrem Wertschöpfungsbeitrag gemessen werden.[133] Dieser Beitrag kann jedoch nicht rein monetär bemessen werden, sondern besteht neben dem monetären Wert aus einer dienstleistungs-, qualitäts-, potential- und strategiebezogenen Komponente.[134] Da der Wertschöpfungsbeitrag der Personalabteilung nicht eindeutig in einer monetären Größe bestimmt werden kann, gibt es heutzutage immer noch viele Unternehmen, die sich der Wertschöpfungsmessung in diesem Bereich verschließen.[135] Genau in demselben Punkt liegt für Unternehmen, die auf diesem Gebiet ihre Bemühungen vorantreiben, ein doppelter Vorteil: Einerseits können wichtige Wettbewerbsvorteile gegenüber der Konkurrenz realisiert werden und andererseits liegt in der Integration von Unternehmensstrategien in den Personalbereich ein enormes Potential. So belegt der „Global Human Capital Survey 2002/3“ von PricewaterhouseCoopers, dass Unternehmen mit einer expliziten und klar dokumentierten Personalstrategie einen bis zu 35 Prozent höheren Umsatz pro

[132] Vgl. Scherm 2004, S. 67.

[133] Vgl. Wunderer/Arx 2002, S. 333.

[134] Vgl. Scherm 2004, S. 66.

[135] Vgl. Gertz 2004, S. 51, Schmeisser/Eckstein/Dannewitz 2001, S. 50.

Mitarbeiter erreichen, um zwölf Prozent niedrigere Fehlzeiten haben und auch andere Kenngrößen deutlich bessere Ergebnisse aufweisen als Firmen, die glauben, auf eine substanzielle und klar dokumentierte Personalstrategie verzichten zu können.[136]

Das Ziel, den Wertschöpfungsbeitrag mittels der Messung der Wertschöpfung zu steigern, kann also erreicht werden.[137] Abschließend werden nochmals die zentralen Aufgaben, die zur Steigerung des Wertschöpfungsbeitrages unumgänglich sind in einer Übersicht dargestellt:

Maßnahmen zur Verbesserung der Effizienz:

- Implementierung einer Kostenbeherrschung und damit verbunden, Entwicklung eines ausgeprägten Kostenbewusstseins.
- Konzentration auf

  a.) strategisch wichtige Ziele und

  b.) auf wertschöpfungsstarke Prozesse.
- Bessere Ausrichtung des Leistungsangebots auf den Kundennutzen (Kundenorientierung).
- Leistungsangebot reduzieren, wenn

  a.) keine interne Nachfrage dafür besteht und

  b.) die Leistung keine unternehmenssichernde Aufgabe erfüllt.
- Überprüfung der Prozesse auf ihre Strategiekonformität, Integration sämtlicher Maßnahmen mit den übergeordneten strategischen Zielen.
- Nachweis einer Verbesserung durch Transparenz bei der Wertschöpfungsmessung.

Abbildung 10: Maßnahmen zur Verbesserung der Effizienz

136 Vgl. Scholz 2004, S. 19.

137 Vgl. Wunderer/Arx 2002, S. 333.

Neben der Verbesserung der Effizienz sind die Kosten- und Leistungstransparenz weitere zentrale Aufgaben innerhalb der Wertschöpfungsmessung. Um dies zu erreichen werden an die Personalabteilung folgende Aufgaben gestellt:

Maßnahmen für mehr Transparenz bei der Erstellung von Dienstleistungen:

- Arbeitszeitanalyse und darauf aufbauend eine Prozesskostenanalyse, um die Kosten der Dienstleistung verursachungsgerecht an die Kunden weitergeben zu können.
- Monetär quantifizierte Kosten-Nutzen-Analyse für die erbrachten Dienstleistungen.
- Kostenvergleich mit externen Anbietern.

Abbildung 11: Maßnahmen für mehr Transparenz bei der Erstellung von Dienstleistungen

Eine weitere Möglichkeit zur Steigerung der Wertschöpfung bietet sich durch die Qualitätsverbesserung im Bereich der Personalleistung:

Maßnahmen zur Steigerung der Qualität:

- Vermeidung von zeitlicher und personeller Ressourcenverschwendung durch Reorganisation der Prozesse (Ablaufoptimierung).
- Unnötige (redundante) Einzelprozesse streichen, zeitlicher Ablauf der Einzelprozesse optimieren (vor- oder nachlagern).
- Verschmelzen/Automatisieren/Standardisieren von Einzelprozessen.
- Nachweis einer Qualitätssteigerung mittels Servicecontrolling (Mitarbeiter- und Kundenzufriedenheit).

Abbildung 12: Maßnahmen zur Steigerung der Qualität

Da die Wertschöpfungsmessung auch als Planungs- und Steuerungsinstrument fungiert, ist es eine wesentliche Aufgabe, Unternehmensstrategien in den Personalbereich zu integrieren. Dabei gilt es, Folgendes zu beachten:

Maßnahmen zur Implementierung von Strategien:

- Erfassen aller Unternehmensstrategien.
- Selektion der Strategien, die Auswirkung auf den Personalbereich haben.
- Durchführung der Existenzberechtigung der Strategien (Strategien, mit denen kein klar definiertes Ziel verfolgt wird, sind entweder zu modifizieren oder zu eliminieren).
- Operationalisierung von Zielen, welche mit den vorhandenen Strategien erreicht werden sollen.
- Bestimmung von Indikatoren, welche die Messung der Zielerreichung ermöglichen.

Abbildung 13: Maßnahmen zur Implementierung von Strategien

Nach Pümpin sind Nutzenpotentiale die Quellen der Wertschöpfung, daher gehören das Erkennen und die Realisierung von vorhandenen Nutzenpotentialen zu jedem umfassenden Wertschöpfungsmanagement:

Maßnahmen zur Erkennung und Realisierung von Nutzenpotentialen:

- Es müssen Rahmenbedingungen geschaffen werden, die Innovationen und Veränderungen zulassen.
- Die Mitarbeiter müssen in die Suche nach möglichen Nutzenpotentialen integriert werden.
- Alle Vorschläge zur Realisierung von Nutzenpotentialen müssen ernst genommen werden und einer sorgfältigen Prüfung unterzogen werden.
- Erfolgscontrolling durch Transparenz im Wertschöpfungsprozess.

Abbildung 14: Maßnahmen um Nutzenpotentiale zu erkennen und zu realisieren.

Ziel dieser Arbeit war die Diskussion verschiedener Ansätze zur Messung des Wertschöpfungsbeitrages der Personalabteilung, um auf diese Weise eine Methode zur Messung der Personalleistung zu entwickeln. Die Evaluation ist dabei als integrale Funktion des Personalcontrollings zu verstehen und dient der Personalführung und dem Vorstand als Planungs- und Entscheidungshilfe.

Der Wertschöpfungsbegriff eignet sich in diesem Zusammenhang besonders gut für die Evaluation des Personalmanagements, da der Wertbegriff, wie auch der Nutzenbegriff, allgemein als eine Messgröße für Zielerreichung bzw. für die Zielwirksamkeit einer Maßnahme verstanden werden kann.

Insgesamt sollte gezeigt werden, dass es trotz der Mess- und Zurechnungsprobleme im Personalbereich möglich ist, die Wertschöpfung der Personalabteilung recht umfassend und differenziert qualitativ und quantitativ zu evaluieren und somit den Wertschöpfungsbeitrag der Personalabteilung aufzuzeigen. Dabei kommt besonders der Messung der Kunden- und Mitarbeiterzufriedenheit, aber auch objektiven Verfahren, wie der Bestimmung der betriebswirtschaftlichen Wertschöpfung eine hohe Bedeutung zu.

Bestehen bleiben die Grenzen bei der Ermittlung von aussagefähigen Indikatoren, das Zurechnungs- und Entwicklungsproblem, der Einbezug von Umfeldvariablen und die Orientierung auf ausgewählte Bezugsgruppenansprüche.

Anhang

Anhang 1: Kern- und Einzelprozesse des Referats Haustechnik/Mineralöle

Arten der Wertschöpfung / Einzelprozesse Im Referat	Betriebswirtschaftliche Wertschöpfung	Dienstleistungsbezogene Wertschöpfung	Qualitätsbezogene Wertschöpfung		Strategiebezogene Wertschöpfung	Potentialbezogene Wertschöpfung
Bewerbungen						
Personalanforderung bearbeiten	X	X				
Stellenausschreibung intern	X					
Stellenausschreibung extern	X					
Bestätigung Bewerbungseingang	X					
Bewerbervorauswahl treffen		X	X			
Einladung Vorstellungsgespräch	X					
Bewerbungsgespräch		X	X			
Bewerberabstimmung u. -auswahl			X			
Absagen erstellen	X					
Abwicklung Aufwandentschädigung	X					
Einstellungen und Versetzungen						
Festlegung Eingruppierung	X					
Betriebsrat anhören	X					
Dienst/Arbeitsvertrag erstellen	X					
Anforderung aller Personalunterlagen/Arbeitspapiere	X					
Personalakte anlegen	X					
(Stamm-)Datenerfassung	X					
Zusätzlich bei Azubi						
Meldung IHK	X					
Meldung Berufsschule	X					
Veranlassung Erstuntersuchung	X					
Erstellung interner Ausbildungsplan		X	X			
Anmeldung zur Zwischen- u. Abschlussprüfung	X					

Sichten Zeugnis und Beurteilung der Berufsschule	X					
Übernahme bzw. Austritt nach Ausbildungsbeendigung			X			
Nur bei Versetzungen						
Prüfung, ob Änderungskündigung			X			
Vertragsänderungen		X				
Stammdatenänderung	X					
Zwischenzeugnis erstellen	X					
Vollmachten überprüfen	X	X				
Nur bei Betriebsübernahmen						
Prüfung nach §613 a BGB	X					
Prüfung/Festlegung der Mitarbeitereingruppierung	X					
Übernahmeschreiben an Mitarbeiter erstellen	X	X				
Personalgesuche bearbeiten						
Gespräche mit versetzungswilligen Mitarbeitern führen	X	X				
Prüfung Arbeitsamtzuschuss	X					
Vertragliche Rahmenbedingungen abstimmen		X	X			
Vorstellungsgespräche organisieren		X				
Mitarbeiter-Administration/ Betreuung						
Allgemeine, permanente Stammdatenpflege	X					
Auskünfte, Beratungen zu Arbeitsverhältnissen gegenüber Mitarbeitern und Vorgesetzten, inkl. Reporting		X	X			
Auskünfte, Beratungen zu Mitarbeiterdaten gegenüber Mitarbeitern und Vorgesetzten, inkl. Reporting		X	X			
Bescheinigungen für Mitarbeiter						
Ungekündigtes Arbeits-/Dienstverhältnis für Finanzierung	X					
Wohngeldantrag	X					
Krankengeld	X					
Gerichtliche Vorladung als Zeuge	X					
Reisespesenbescheinigung für Finanzamt	X					
Vollmachten						
Beantragung Handlungsvollmacht	X					
Bankvollmacht	X					
Korrespondenz mit zuständigen Stellen, Postversand	X					
EDV-Eingaben; -Listen; Überwachung	X					

Betriebsunfälle						
Beauftragte und betriebliche Funktionen						
Bestellung und Abberufung Betriebsleiter						
Betriebsratsangelegenheiten		X				
Arbeits- und Sozialgerichte						
Wahrnehmung der Termine als Arbeitgebervertreter	X	X				
Bearbeitung der Schriftsätze	X					
Entgeltpfändungen und -abtretungen						
Pfändungseingang bearbeiten	X					
Pfändbaren Betrag ermitteln	X					
Abgabeerklärung erstellen	X					
Überweisung der einbehaltenen Beträge	X					
Saldenüberwachung	X					
Schwerbehinderte						
Terminverfolgung und Prüfung auf Gültigkeit	X					
Schwerbehindertenmeldung erstellen	X					
Antragsstellung für Mehrfachnennung	X					
Zuschussanträge erstellen	X					
Stellungnahme zu Gleichstellungsaufträgen	X					
Direktversicherungen						
Annahme und Erfassung der Konditionen	X					
Disziplinarmaßnahmen						
Sachverhalt nach arbeitsrechtlichen Gesichtspunkten prüfen	X	X	X			
Ermahnung/Abmahnung erstellen	X	X				
Ggf. Schriftverkehr führen; Personalakte pflegen	X					
Arbeitssicherheit/Arbeitsschutz						
Arbeitssicherheitsrechtlich relevante Stammdaten pflegen	X					
Arbeitsschutz-Ausschusssitzungen organisieren und durchführen		X	X			
Sicherheitsfachkraft bestellen		X				
Betriebsärztlichen Dienst organisieren		X	X			
Erste-Hilfe-Stationen	X					
Ersthelferschulungen	X	X	X			
Arbeitskleidung disponieren und abwickeln	X	X				
Entgelt-Abrechnung						
Pflege des HR Abrechnungsprogramms						
Laufende Stammdatenpflege	X					
Reisespesenabrechnung und Kontrolle	X	X				
Anteilige Sonderzahlungen	X					

Abwicklung Prämien u. Provision	X					
Bei Dienst PKW geldwerten Vorteil und Nettoabzug für Privatnutzung ermitteln u eingeben	X					
Folgeaktivität pro Abrechnungsperiode						
DÜVO-Meldungen erstellen	X					
Lohnsteuerkarten auf Vollständigkeit prüfen und senden	X	X				
Report-/Query-Bearbeitung						
Terminverfolgung	X					
Betriebliche Funktionen - Austritte	X					
Vollmachten - Austritte	X					
Kontrollreports						
Versand der Verdienstnachweise	X	X				
Abstimmung diverser Verrechnungskonten	X					
Klärung/Bearbeitung von Rücküberweisungen von Banken	X	X				
Zeitwirtschaft						
Zeitübergänge innerhalb JAZ ermitteln und erfassen	X					
Abwesenheiten kontrollieren	X					
Rückstellungsreports pflegen	X					
UNIX-Eingaben kontrollieren, ggf. Korrekturen erfassen	X					
Überwachung Lohnfortzahlungen	X					
Urlaubsplanung erfassen	X					
Urlaubs-/Überstundeneinbringung überwachen	X	X				
Beendigung Arbeitsverhältnis						
Aufhebungsvertrag oder Arbeitnehmerkündigung						
Vor- und Nachteile Vertrag/Kündigung abwägen und entscheiden	X	X	X			
Vorliegen besonderer oder allgemeiner Kündigungsschutz-Rechte/-Pflichten prüfen.	X					
Kündigungsart ermitteln und definieren	X	X	X			
Kündigungsfrist berechnen	X					
Sozialversicherungsrechtliche Folgen eruieren, insbesondere Arbeitslosengeld.	X	X	X			
Aufhebungsvertrag erstellen	X	X	X			
Ggf. Abfindungsbetrag festlegen	X	X	X			
Mitarbeitergespräch führen		X	X			
Austrittsunterlagen fertig stellen	X					

Zeugnis erstellen	X					
Stammdatenpflege in SAP-HR	X					
Kündigung durch Arbeitgeber zusätzliche Teilprozesse						
Soziale Auswahl durch betriebliche Kündigung	X	X	X			
Betriebsratsanhörung	X					
Formulierung der Kündigung		X				
Zustellung der Kündigung	X					
Bescheinigung erstellen nach §133 AFG	X					
Rückfragen des Arbeitsamtes bearbeiten/beantworten	X					
Abwicklung und Zusage von Altersversorgung						
Schriftverkehr bei Verrentung mit UE führen	X					
Anträge für Zuschüsse erstellen	X					
Beendigung des Arbeitsverhältnisses mittels ATZ						
Musterberechnung und -vertrag erstellen	X	X				
Prüfung arbeitsrechtlicher Status und Vorraussetzungen	X	X	X			
Antrag stellen	X					
Wiederbesetzung prüfen	X	X				
Zuschuss abrechnen	X					
Prüfung durch Arbeitsamt abwickeln	X					
Personalkostenplanung/ Vorschaurechnung						
Vorschaurechnung in SAP-HR erstellen	X	X	X			
Planungshilfen bereitstellen	X	X	X			
Geplante Personalmaßnahmen eruieren und in SAP-HR erfassen	X	X	X			
Ergebnis mittels Vorschaurechnung kontrollieren	X	X				
Endgültiges Ergebnis als Planungsgruppe ablegen	X					
Plan/Ist Vergleich durchführen	X					
Sonderaufgaben						
Abstimmung der Entgeltverrechnungskonten	X					
Überwachung BuF Gespräche	X					
Erstellung von Rundschreiben	X					
Kommunikation mit dem Betriebsrat	X					
Listen für Betriebsversammlungen, Betriebsratswahlen zur Verfügung stellen	X					

Bearbeitung Kassendifferenzen	X		X			
Dienstjubiläum						
Fälligkeitsprüfung	X	X				
Erinnerung des GF	X	X				
Erstellung der Urkunde	X	X				
Geldberechnung	X					

Anhang 2: Erläuterungen zu den Kernprozessen

Bewerbungen

Im Vollservice werden alle Arbeitsprozesse, die im Zusammenhang mit Bewerbungen stehen, von dem zentralen Personalreferat übernommen, wobei eine enge Zusammenarbeit mit dem jeweils betroffenen Bereich stattfindet. Bis einschließlich der Gehaltsgruppe 5 können im Teilservice die Bewerbungen und damit verbundenen Aufgaben eigenverantwortlich geregelt werden. Allerdings besteht für den Leiter der RVZ stets die Möglichkeit, die Unterstützung des Referats in Anspruch zu nehmen. Ab der Gehaltsgruppe 6 muss der Personalreferent mit einbezogen werden.

Einstellungen/Versetzungen

Die im Zusammenhang mit Einstellungen und Versetzungen anfallenden Prozesse werden grundsätzlich im Vollservice von dem Personalreferat und im Teilservice von dem PSB im RVZ durchgeführt. Wobei auch hier in einigen Prozessen (Vertragliche Rahmenbedingungen abstimmen; Erstellung des Dienst-/Arbeitsvertrages; Vertragsänderungen und Prüfung, ob eine Änderungskündigung zu erfolgen hat) der Referent ab der Gehaltsgruppe 6 einzubinden ist.

Mitarbeiter-Administration/-Betreuung

Die Mitarbeiter-Administration und -Betreuung wird im Vollservice von dem Referat und im Teilservice von dem PSB im RVZ übernommen. Dabei werden alle Vorgänge, die im Zusammenhang mit Betriebsunfällen stehen, sowohl im Teil-, wie auch im Vollservice, an eine gesonderte Stelle[138] weitergeleitet und alle Prozesse, die in Zusammenhang mit Vollmachten bzw. Arbeits- und Sozialgerichten stehen, werden zentral im Personalreferat bearbeitet.

---

[138] Betriebsunfälle werden von dem Bereich Grundsätzliches innerhalb der Personalabteilung bearbeitet.

Entgeltabrechnung

Alle Aufgaben, die mit der Entgeltabrechnung verbunden sind, werden im Vollservice von dem Referat erbracht und im Teilservice von dem jeweiligen PSB.

Zeitwirtschaft

Die innerhalb der Zeitwirtschaft anfallenden Arbeitsprozesse werden im Vollservice innerhalb des Referats und im Teilservice von den ausgegliederten PSB übernommen.

Beendigung Arbeitsverhältnis

Bei Arbeitsprozessen im Bereich „Beendigung des Arbeitsverhältnisses“, ist der Referent teilweise stark eingebunden. Ab einer gewissen Ebene wird der Referent einbezogen, um die eventuellen Vor- und Nachteile, die eine Kündigung mit sich bringt, abzuwägen und er ist in der Regel bei eventuellen Abfindungsverhandlungen beteiligt. Des Weiteren wird durch das Referat der Aufhebungsvertrag sowohl im Voll-, wie auch im Teilservice erstellt und das Vorliegen von besonderen Kündigungsrechten oder -pflichten geprüft. Die Beendigung des Arbeitsverhältnisses bringt häufig Sonderaufgaben mit sich, die sich in keinem Standardprozess ausdrücken lassen, daher fällt in diesem Bereich ein nicht unerheblicher Teil von nicht zuordenbaren Tätigkeiten an.

Personalkostenplanung/Vorschaurechnung

Unter Personalkostenplanung und Vorschaurechnung wird die Erstellung der Vorschaurechnung in SAP-HR verstanden, sowie die Kontrolle der Personalkosten und ein Soll/Ist-Abgleich mittels der durch SAP-HR bereitgestellten Analyseinstrumentarien. Daher werden die Prozesse innerhalb der Personalkostenplanung und Vorschaurechnung im Vollservice von dem Referat und im Teilservice von den dezentralen PSB durchgeführt.

Sonderaufgaben

Innerhalb der Sonderaufgaben werden unter anderem die Prüfung von Kassendifferenzen und die Pflege der Beurteilungs- und Förderungsgespräche[139] (BuF-Gespräche) zentral im Referat bearbeitet. In die Kommunikation zwischen Geschäftsführer und Betriebsrat wird der Referent eingeschaltet, wenn seine Fachexpertise benötigt wird. Andere Prozesse innerhalb der Soderaufgaben, wie die Erstellung von Listen für Betriebsratswahlen oder Betriebsversammlungen und die Abstimmung von Entgeltverrechnungskonten, werden im Vollservice innerhalb des Referats und im Teilservice vom PSB im RVZ.

---

[139] Das Beurteilungs- und Förderungsgespräch (BuF-Gespräch) ist ein internes Instrument der BayWa AG, um die Kommunikation zwischen Mitarbeiter und Vorgesetzten zu verbessern, einen Interessenaustausch zwischen Mitarbeiter und Vorgesetzten durchzuführen, sowie Grundlage, um die so genannten „Softfacts" eines Mitarbeiters zu erfassen. Das BuF-Gespräch wird einmal pro Jahr zwischen Vorgesetztem und Mitarbeiter geführt.

Anhang 3: Die Wertschöpfungskette nach Porter

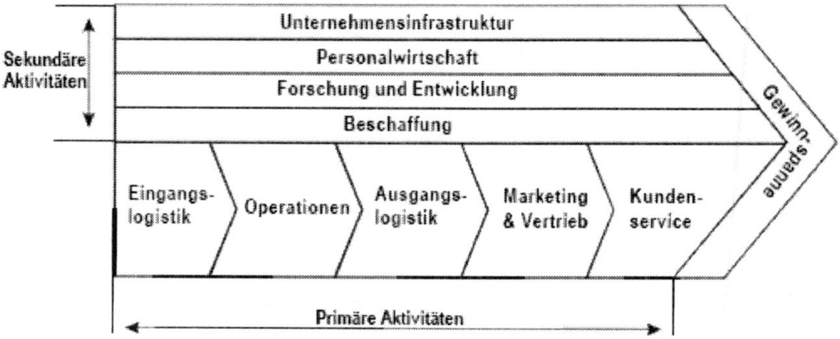

Quelle: Porter 1989, S. 62.

Anhang 4: Untergliederung der Wertschöpfungskette

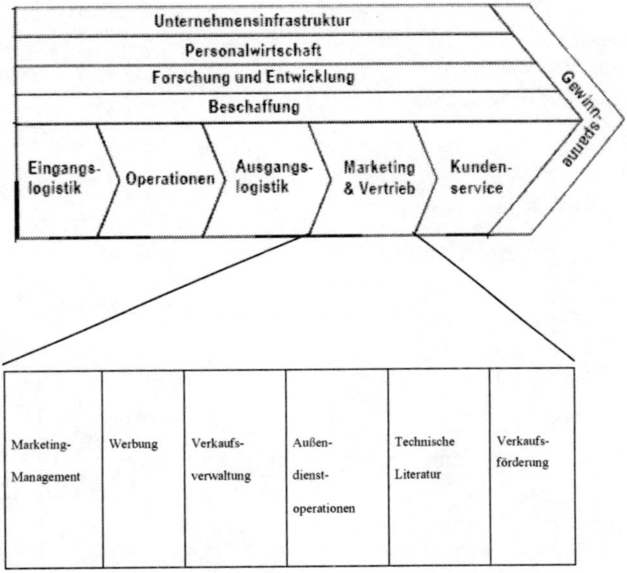

Quelle: Porter 1989, S. 74.

Anhang 5: Die betriebswirtschaftliche Wertschöpfung

	Umsatzerlöse	
+	Bestandsveränderungen	
+	selbsterstellte Anlagen	
=	Materialkosten	Bruttoproduktionswert
+	Dienstleistungskosten	
+	Abschreibungen	
-		Vorleistungen
=		Wertschöpfung

Quelle: Weber 1993, S. 2175.

	Personal- und Sozialkosten (Einkommen der Beschäftigten)
+	Zinsen (Einkommen der Darlehensgeber)
+	Steuern (Einkommen des Staates bzw. der öffentlichen Hand)
+	Betriebsergebnis (Einkommen der Gesellschafter sowie die Gewinneinbehaltung des Unternehmens)
=	Wertschöpfung

Quelle: Weber 1993, S. 2175.

Anhang 6: Mögliche Nutzenpotentiale

Nutzenpotentiale

externes Nutzenpotentiale
- Beschaffungspotential
- externes Humanpotential
- Finanzpotential
- Imagepotential
- Informatikpotential
- Kooperationspotential
- Marktpotential
- Ökologiepotential
- Regulierungspotential
- Technologiepotential
- Übernahme- und Restrukturierungspotential

interne Nutzenpotentiale
- Bilanzpotential
- Immobilienpotential
- internes Humanpotential
- Know-how Potential
- Kostensenkungspotential
- organisatorisches Potential
- Standortpotential
- Synergiepotential

Quelle: Pümpin 1992, S. 20.

Anhang 7: Anwendbarkeit der Theorien auf die Messung der unterschiedlichen Arten der Wertschöpfung

Theorien \ Bereiche der Wertschöpfung	betriebswirtschaftliche Wertschöpfung	prozessbezogene Wertschöpfung	strategiebezogene Wertschöpfung	qualitätsbezogene Wertschöpfung	dienstleistungsbezogene Wertschöpfung	potentialbezogene Wertschöpfung	Kostenanalyse	Wettbewerbsvorteile
Gemeinkostenumlage								
Revenue-Center	**X**						**X**	**X**
Wertkette nach (Porter)	(X)	**X**		**X**		(X)	**X**	**X**
Nutzenpotentiale (Pümpin)			**X**		(X)	**X**		**X**
Wertschöpfungs-Center (Wunderer)	**X**		**X**	**X**	**X**	(X)	**X**	**X**
Management-Dimension			X			X		
Service-Dimension				X	X			X
Business-Dimension	X						X	X

Literaturverzeichnis

Ackermann, K.-F (Hrsg.). (1994): Reorganisation der Personalabteilung. Stuttgart.

Ambros, S. (2002): Personaladministration outsourcen, in: Personalwirtschaft, 2002, Nr. 10, S. 14-17.

v. Arx, S./Wey-DaSilva, C. (2004): Personalarbeit an der Gewinnschwelle, in: Personalmagazin, 2004, Nr. 2, S. 24-26.

Berthel, J. (2000): Personal-Management. Grundzüge für Konzeptionen betrieblicher Personalarbeit, 6. überarbeitete und erweiterte Auflage. Stuttgart.

Breid, V. (1994): Erfolgspotentialrechnung. Konzeption im System einer finanzierungstheoretisch fundierten, strategischen Erfolgsrechnung. Stuttgart.

Bruhn, M. (2004): Qualitätsmanagement für Dienstleistungen: Grundlagen, Konzepte, Methoden, 5. Auflage. Berlin, Heidelberg.

Claßen, M. (2003): Rollen des Personalmanagers, in: Personalwirtschaft, 2003, Nr. 7, S. 51-54.

Coenenberg, A. G. (1997): Jahresabschluss und Jahresabschlussanalyse, 16. Auflage. Augsburg.

Controller Verein eV (2001): Wertorientierte Unternehmensführung. Gauting/München.

Dickson, C./Maiwald, H. (2003): An der Personalarbeit sparen, in: Personalwirtschaft, 2003, Nr.3, S. 28-31.

Egelkamp, P./Sell, F. (2003): Einführung in die Volkswirtschaftslehre. 2., überarbeitete und erweiterte Auflage. Berlin, Heidelberg, New York, Barcelona, Hongkong, London, Mailand, Paris, Tokio.

Eiff, W. (1996): Geschäftsprozessmanagement, in Führung & Organisation, 1996, Nr. 3, S. 6.

Fleer, A. (2001): Der Leistungsbeitrag der Personalabteilung. Köln.

Garvin, D. A. (1988): Managing Quality. New York.

Gertz, W. (2004): Flagge zeigen für Wertschöpfung, in: Personalmagazin, 2004, Nr. 7, S. 50-51.

Hartz, S./Meisel, K. (2004): Qualitätsmanagement: Studientexte für Erwachsenenbildung. Bielefeld.

Haubrock, M. (2002): Managementmethoden als Lösungsansatz, in: Haubrock, M. / Schär, W. (Hrsg.): Betriebswirtschaft und Management im Krankenhaus, Bern u.a., S. 119-175.

Hill, H. (2003): Vom Administrator zum Wertschöpfer, in: Personalwirtschaft, 2003, Nr. 5, S. 16-21.

Karst, T./Schmitz, M. (2001): Verrechnungspreise im Personalmanagement, in: Personalwirtschaft, 2001, Nr. 10, S. 90-95.

zu Knyphausen-Aufseß, D./Meck, A. (2004): Auf dem Prüfstand, in: Personal, 2004, Nr. 7/8, S. 40-43.

Klages, H./Hippler, G. (1991): Mitarbeitermotivation als Unternehmensperspektive. Gütersloh.

Kobi, J.-M. (2002): Trends im Personalcontrolling, in: Personal, 2002 Nr. 6, S. 42-44.

Lachhammer, H. (2000): Qualitätscontrolling als Steuerungsinstrument eines Non-Profit-Unternehmens. In: König, J. et al. (Hrsg.): Qualitätsmanagement und Informationstechnologien im Sozialmarkt, Starnberg, S. 139-146.

Lobenstein, I. (2004): Personalwesen muss sich besser verkaufen, in: Personal, 2004, Nr. 6, S. 26-29.

March, C.J./Simon, H.A. (1958): Organisations. New York, London.

Meffert, H./Bruhn, M. (2000): Dienstleistungsmarketing: Grundlagen, Konzepte, Methoden. Wiesbaden.

Pfohl, H.-C. (1988): Strategische Kontrolle. In: Henzler, H.A. (Hrsg.): Handbuch Strategische Führung. Wiesbaden.

Porter, M. E. (1989): Wettbewerbsvorteile. Spitzenleistungen erreichen und behaupten. Frankfurt/Main, New York.

Puch, H.-J./Westermeyer, K. (1999): Managementkonzepte: eine Einführung für soziale Berufe, Freiburg im Breisgau.

Pümpin, C. (1992): Strategische Erfolgspositionen: Methodik der dynamischen strategischen Unternehmensführung. Stuttgart.

Remer A./Wunderer, R. (1979): Personalarbeit und Personalleiter in Großunternehmen. Berlin.

Remer, D. (1997): Einführung der Prozesskostenrechnung, Stuttgart.

Scherm, E. (2004): Drei Irrtümer in der Personalarbeit, in: Personalmagazin, 2004, Nr. 3, S. 66-68.

Schmeisser, W./Eckstein, P./Dannewitz, C. (2001): Harte Faktoren bestimmen den Wandel der Personalarbeit, in: Personalwirtschaft, 2001, Nr. 7, S.50-57.

Scholz, C. (2004): Etappen auf der Suche nach dem verlorenen Ziel, in: Personalmagazin, 2004, Nr. 6, S. 18-21.

Schuller, P./Willms, S. (2003): Bildung ist Deutschlands wichtigster Rohstoff, in: Personalwirtschaft, 2003, Nr. 7, S. 55-58.

Taylor, F. W. (1919): Die Grundsätze wissenschaftlicher Betriebsführung. München, Berlin.

Wagner, D. (1994): Personalfunktion in der Unternehmungsleitung: Grundlagen, empirische Analyse, Perspektiven. Wiesbaden.

Weber, H. K. (1993): Wertschöpfung. In: Chmielewicz, K./Schweitzer, M.: Handwörterbuch des Rechnungswesens. 3. Auflage. Stuttgart.

Witte, A. (1993): Integrierte Qualitätssteuerung im Total Quality Management. Münster, Hamburg.

Wunderer, R./Gerig, V./Hauser, R. (1997): Qualitätsorientiertes Personalmanagement. Das Europäische Qualitätsmodell als unternehmerische Herausforderung. München, Wien.

Wunderer, R./Kuhn, T. (1995): Innovatives Personal Management. Neuwied.

Wunderer, R. (1997): Führung und Zusammenarbeit. Beiträge zu einer unternehmerischen Führungslehre. 2. vollständige und erweiterte Auflage. Stuttgart.

Wunderer, R./Gerig, V./Hauser, R. (Hrsg.) (1997): Qualitätsorientiertes Personalmanagement: Das europäische Qualitätsmodell als unternehmerische Herausforderung. München, Wien.

Wunderer, R./Jaritz, A. (1999): Unternehmerisches Personalcontrolling. Neuwied.

Wunderer, R./v. Arx S. (2002): Personalmanagement als Wertschöpfungs-Center, Unternehmerische Organisationskonzepte für interne Dienstleister, 3. Auflage. Wiesbaden.

Zeithaml, V. A./Parasuraman, A./Berry, L. L. (1992): Qualitätsservice: Was ihre Kunden erwarten – was Sie leisten müssen. Frankfurt/Main, New York.